Laufkäfer

W0283942

JÜRGEN TRAUTNER

KATRIN GEIGENMÜLLER

BERTRAM DIEHL

Deutscher Jugendbund für Naturbeobachtung

1984

(2. Auflage)

Inhalt

AUF DEM AUSKLAPPBAREN TEIL DER VORDEREN UMSCHLAGSEITE ZEIGEN ZWEI SCHEMAZEICHNUNGEN OBER- UND UNTERSEITE EINES LAUFKÄFERS.

Vorwort

" Es war im Juni dieses Jahres; wir hatten den Tag im Hochgebirge verbracht, in der Zone der Enziane, der zierlichen Soldanellen und des zitronengelben Stiefmütterchens, das am Rande der Schneefelder blüht. Nun waren wir abgestiegen, mit Pflanzen und Tieren beladen, und schlossen den Gang im Tale der Trettach ab.

Wir kamen mit bestimmter Absicht; es war eine besondere Beute, die uns in den Geröllhalden des Gebirgsbaches vorschwebte. Das Ziel war, wenn auch farbenprächtig, so doch winzig: Ein kleines Kerbtier, das dort unter Steinen im Schlamm des Ufers zu vermuten war. An diesem Orte war vor Jahren Bembidion eques gefunden worden, dem der alte Sturm in seiner Fauna von 1825 nach einem in Kärnten gefundenen Stücke den Namen verliehen hat. Gestalt und Schönheit heben es in der Tat als Ritter aus seinem an Arten reichen Geschlecht hervor. Es ist als ein Bewohner der südlichen Gebirgstäler bekannt, und nur an dieser einen Stelle des Trettachtales, unweit von Oberstdorf, dringt es als fremder Gast auf unsere Seite des Kammes vor.

Obwohl der Tag mühsam gewesen war, begaben wir uns eifrig auf die Suche und spürten an den feuchten Rändern und zwischen den Fugen des Gerölles dem Tierchen nach. Wie immer bei solchen Jagden fehlte es nicht an Beute - an dunklen und bunterzenen Läufern, an schwarzen, blauen und gelben Staphylinen, an hellgefleckte Elateriden und anderen Arten des schlammigen und kiesigen Reviers. Sogar ein träger, lackschwarzer Alpensalamander wurde aus seiner feuchten Höhle aufgeschreckt.

Dann endlich - das Licht begann bereits zu schwinden - kündete ein Zuruf meines Begleiters den ersten eques an. Ein solcher Fund ist wie ein geglückter Zugriff - einmal gelungen, wird er leichter wiederholt. Man kennt nun die Bedingungen. Darin liegt einer der geistigen Genüsse dieser Ausflüge. Ehe es völlig dunkelte, hatten wir ein halbes Dutzend der seltenen Tiere in unseren Besitz gebracht und konnten uns nach wohlerfülltem Tagwerk dem Weine zuwenden. "

(E. Jünger 1949 über eine Sammelexkursion mit dem berühmten Käferforscher Pfarrer A. Horion)

Bei Bembidion eques, nach dem hier gefahndet wurde, handelt es sich natürlich um einen Laufkäfer.
Laufkäfer findet man praktisch überall und da die Arten meist an spezielle und oft sehr begrenzte Umweltbedingungen gebunden sind, sind sie für ökologische Betrachtungen und Untersuchungen - insbesondere wohl auch auf DJN-Lagern - gut geeignet.

Der vorliegende Bestimmungsschlüssel soll dazu Grundlage und Anregung sein.
Der Geltungsbereich des Schlüssels umfaßt die Bundesrepublik excl. Berlin (West).

Eine Ausnahme bildet hier die Bembidion-Artentabelle mit Ausschluß der Alpen und des Alpenvorlandes.
Die Bestimmung ist mit Ausnahme einiger weniger Gruppen (Trechus, Dyschirius und Amara) bis zur Art möglich.

Wer Fragen oder Anregungen zum Schlüssel hat, der kann sich gerne an eine unserer Adressen (siehe Impressum) wenden.
Wir würden uns auch über Zuschriften mit Artenlisten für bestimmte Gebiete oder besonderen Beobachtungen freuen.
Und jetzt viel Spaß !

Neuweiler, im März 1983 Katrin Jürgen Bertram

Einführung

Die Käfer allgemein zeichnen sich innerhalb der Insekten durch beissende Mundwerkzeuge, zu Flügeldecken umgewandelte Vorderflügel sowie eine vollkommene Verwandlung (mit Puppenstadium) aus.

Die Familien der Sandlaufkäfer (Cicindelidae) und der Laufkäfer (Carabidae) sind bei uns mit etwa fünfhundert Arten vertreten, wobei die Cicindelidae allerdings nur acht Arten umfassen.

Carabidae und Cicindelidae bilden zusammen mit einigen Schwimmkäferfamilien die Unterordnung ADEPHAGA gegenüber den restlichen Käfern, die in der Unterordnung POLYPHAGA zusammengefaßt werden. Die beiden Unterordnungen unterscheiden sich dadurch, daß bei den

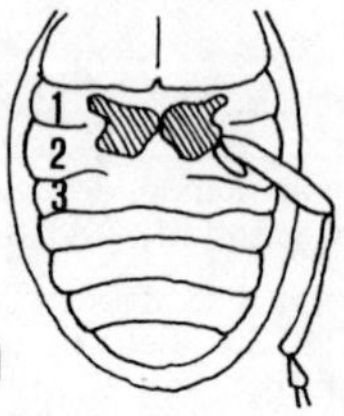

a

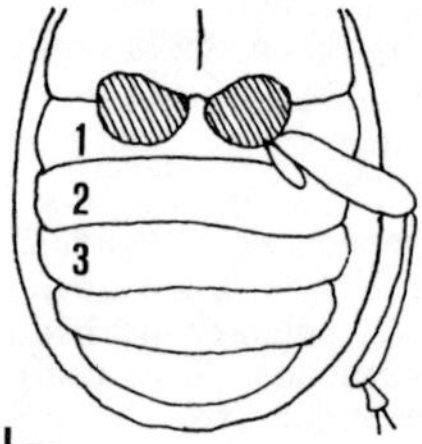

b

ADEPHAGA · die ersten drei Bauchringe (Sternite) in der Mitte miteinander verschmolzen sind und die Hinterhüften bis in das zweite Sternit hineinragen (Abb. a), während bei den

POLYPHAGA die ersten drei Sternite vollkommen getrennt sind und die Hinterhüften nur in das erste Sternit hineinragen (Abb. b)

Sandlaufkäfer und Laufkäfer haben außerdem immer 11-gliedrige Fühler und fünf Fußglieder (Tarsen). Bei anderen Käferfamilien sind die Fühler oft anders gebildet oder weniger Tarsenglieder vorhanden.
Auch die bei den meisten Arten vorkommende, aus Längsstreifen bestehende Flügeldeckenstruktur kommt bei anderen Käferfamilien nur selten vor.

Zum Fangen von Laufkäfern gibt es verschiedene Methoden. Die einfachste ist das Absuchen des Geländes, hierbei werden Steine umgedreht, Moos abgehoben und untersucht, lose Rinde abgelöst und Ähnliches.
Des weiteren lassen sich Laufkäfer recht leicht ködern. Hierzu gräbt man Becher bis zum Rand in den Boden ein und legt ein Stück Obst, Fleisch oder Käse hinein. Im Abstand von etwa zwei Tagen werden die Fallen abgegangen und die Tiere herausgenommen. Man sollte auch kleinere Holzstückchen o.ä. in die Falle legen, damit die kleinen Käfer Unterschlupf finden und nicht von den größeren gefressen werden.
Einige Arten schwärmen auch Abends und können dann am Licht gekäschert werden. Wenn man sich schon etwas genauer auskennt, wird man schließlich Biotope gezielt nach bestimmten Arten, deren Ansprüche man in etwa kennt, absuchen.

Wichtig ist bei all dem, die Naturschutzbestimmungen zu beachten und unnötige Störungen zu vermeiden.

Naturschutz

Mit Inkrafttreten der Bundesartenschutzverordnung und der einzelnen Länderverordnungen (1980) stehen sämtliche einheimische Arten der Sandlaufkäfer (Cicindela sp.) sowie bei den Laufkäfer alle Arten der Puppenräuber (Calosoma sp.), der Großlaufkäfer (Carabus sp.) sowie der Schaufelläufer (Cychrus sp.) unter Naturschutz.
Einige Arten (wie z.B. der Heidelaufkäfer = Carabus nitens) wurden als "Vom Aussterben bedroht" eingestuft.

Soweit - so gut. Als nächstes kann man sich natürlich fragen, was das nützt.
Es ist ja ganz nett, wenn Arten unter Naturschutz stehen, es nützt ihnen allerdings dann nichts, wenn ihre Lebensräume weiterhin entwässert, flurbereinigt, bebaut, zugeschüttet oder vergiftet werden.
Da dieser Sachverhalt aber leider zutrifft, darf an dem Nutzen der Bundesartenschutzverordnung gezweifelt werden, zumal es mit ihren Bestimmungen auch nicht so genau genommen wird. So konnten auf der Stuttgarter Insektenbörse im März dieses Jahres neben Millionen anderer Insekten auch mehrere Carabus' zum Verkauf angeboten werden (welche unter diese Schutzverordnung fallen) obwohl ihr Fangdatum mit 1982 - also zwei Jahre nach Inkrafttreten der Verordnung - angegeben war.

Zwar sind die Auswirkungen von massenweisem und vor allem gewerblichen Sammeln gegenüber den verheerenden Folgen der Biotopzerstörung wohl als unbeutend einzustufen, aber wenn selbst im Kleinen bei den Sammlern und sogenannten Liebhabern wenig Rücksicht auf die Notwendigkeit des Naturschutzes genommen wird, wie soll Naturschutz dann im Großen praktiziert werden können?

Artenschutz - und das ist inzwischen wohl eine Binsenweisheit - ist heute nur durch gezielten und kosequent durchgeführten Biotopschutz möglich. Eine sehr wirksame Methode wäre hierzu die Erstellung und Durchführung von Biotopschutzplänen in den einzelnen Bundesländern, welche auch die Neu- bzw. Wiederschaffung von Feldgehölzen, Ruderalflächen u.ä. in landwirtschaftlich intensiv genutzten Gebieten beinhalten sollten. Dies ist mit relativ geringem finanziellem Aufwand verbunden, da bereits recht kleine Flächen eine beträchtliche Erhöhung der Artenvielfalt bewirken können.

ROTE LISTE

1984 erschien eine überarbeitete und erweiterte Fassung der 'Roten Liste der gefährdeten Tiere und Pflanzen in der Bundesrepublik Deutschland'. Die Gefärdungsgrade der hierin genannten Laufkäfer werden bei den jeweiligen Arten im Schlüssel angeführt.
Dabei bedeutet:
(0) - ausgestorben oder verschollen
(1) - vom Aussterben bedroht
(2) - stark gefährdet
(3) - gefährdet
(4) - potentiell gefährdet

Zum Gebrauch des Schlüssels

Dem eigentlichen Bestimmungsschlüssel ist eine Gattungs-Kurztabelle in Flußdiagrammform vorangestellt, die zur Einarbeitung dient und alle Gattungen mit Arten ab 12 mm berücksichtigt. In diesem Diagramm sind auch die Sandlaufkäfer mit enthalten.

Auf Seite 14 werden die Unterschiede zwischen der Familie der Sandlaufkäfer (Cicindelidae) und der eigentlichen Laufkäfer (Carabidae) angeführt und die Trennung vorgenommen.

Es folgt die Artentabelle der einzigen Sandlaufkäfergattung Cicindela. Anschließend kommen die Carabidae-Gattungstabelle sowie der Artbestimmungsteil dieser Familie.

Die Bestimmungsschlüssel sind - mit Ausnahme der einführenden Gattungs-Kurztabelle - nach dem dichotomen Prinzip aufgebaut. Das heißt, man vergleicht die unter z.B. 1 und 1* genannten Alternativen, entscheidet sich für die zutreffende und geht zu der anschließend genannten Zahl weiter.
Hier wiederholt man den Vorgang, bis man zur betreffenden Gattung oder Art gelangt. Vereinzelt hat man auch die Auswahl zwischen drei Alternativen, die dritte ist dann wie z.B. 1** gekennzeichnet.

Zahlen in Klammern hinter den Artnamen kennzeichnen die Gefährdungsgrade (Siehe 'Naturschutz - Rote Listen).

Nachfolgend einige Tips und Hinweise zum Benutzen des Schlüssels:

- Die angegebenen Längen beziehen sich auf die Gesamtlänge des Käfers ohne Fühler und Beine. Beim messen legt man das Lineal seitlich an oder verwendet eine Schieblehre.

- Färbungsangaben müssen nicht immer genau zutreffen, Käfer sind hier oft variabel. Vorsicht auch bei noch nicht voll ausgefärbten Tieren, hier ist die Färbung einheitlich heller als angegeben, oft sind sie fast glasig durchscheinend.

  Auch Flügeldeckenzeichnungen unterliegen der Variation. Insbesondere können helle FldFlecken verschwinden sein (Gattung Bembidion), oder zwei eigentlich getrennte zusammenfließen (z.B. Gattung Dromius)

- Auf den Fld werden die eingedrückten feinen Streifen oder Punktreihen als FldStreifen oder FldReihen bezeichnet, die Bereiche dazwischen als FldZwischenräume.

- Die Zählung der FldStreifen erfolgt von innen nach außen, FldNaht und ein oft vorhandener, verkürzter Streif (Scutellarstreif) werden hierbei nicht mitgezählt.

- "Oberseite behaart" oder "Fühlerglied behaart" bedeutet nicht, daß sich dort einzelne Haare oder Borsten befinden, sondern daß die Oberfläche des betreffenden Körperteils mehr oder weniger dicht und gleichmäßig mit Haaren besetzt ist.

- Die Erkennung von FldBorstenpunkten oder Unterseitenmerkmalen kann bei ungünstigem Lichteinfall recht schwierig sein. In jedem Falle das Tier mehrfach drehen und schräg halten, um bei Ausleuchtung von den verschiedensten Seiten über das Vorhandensein von Borstenpunkten o.ä. richtig entscheiden zu können.

- Wenn es Zweifel über das richtige Zutreffen einer Alternative gibt, ist es das Beste, sich die Stelle zu merken und beide möglichen Wege durchzugehen.

- Das Festhalten von lebenden Tieren unter dem Binokular ist oft recht schwierig. Kurz in einem Glas mit Essigätherdämpfen gehalten, können die Tiere für kürzere Zeit schadlos betäubt werden.

- Wenn Arten zum Bestimmen aus dem Gelände mitgenommen werden, ist es zweckmäßig, große und kleine Käfer getrennt zu halten, um Kannibalismus zu vermeiden. Anschließend die Tiere wenn möglich am gleichen Ort wieder freilassen !

- Die Führung eines Exkursionstagebuchs und die Notizen über Fundort und Fundumstände können wichtige Hilfen bei der Bestimmung sein und bilden die Grundlage für eigene Untersuchungen. Die Sammlung von solchen Notizen ist auch von daher wünschenswert, da über die Ökologie vieler Arten noch recht wenig bekannt ist.

- Biotopangaben sind nicht immer bindend, da Laufkäfer ja recht mobil sind. Verbreitungs- und Häufigkeitsangaben wurden zum Großteil weggelassen, da diese in den verschiedenen Gegenden Deutschlands stark unterschiedlich sein können.

Bei der ersten Beschäftigung mit einer neuen Tier- oder Pflanzengruppe steht oft eine - verständliche - Artenjägerei im Vordergrund. Aus diesem Grund eine Sammlung anzulegen, ist nicht zu verantworten.
Eine anspruchsvolle und auch kreative Alternative hierzu bietet sich bei den vielseitigen Möglichkeiten der Fotografie jedem Interessierten an.

Systematische Übersicht

GATTUNGS-KURZTABELLE (FÜR LAUFKÄFER AB 12MM)

TAB ①

FLÜGELDECKEN

→ grün oder kupfrig metallisch mit hellen Flecken: *CICINDELA* (S.15)

↓ Anders

4. FÜHLERGLIED

→ zumindest in der Endhälfte behaart: weiter bei **TAB ②**

↓ höchstens am Ende mit einzelnen Haaren

VORDERSCHIENE

→ mit deutlicher Putzscharte. Körper eingeschnürt: *BROSCUS* (S.43)

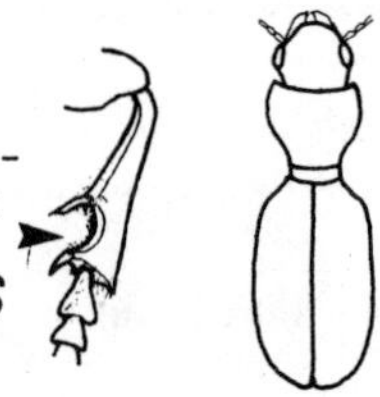

↓ ohne deutliche Putzscharte

OBERKIEFER

→ außen mit Tastborste. Körper flacher, bis 15mm: *NEBRIA* (S.38)

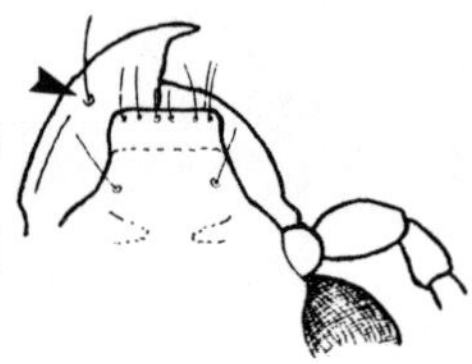

↓ außen ohne Tastborste. 11 bis 40mm

HINTERHÜFTEN

→ getrennt: *CYCHRUS* (S.36)

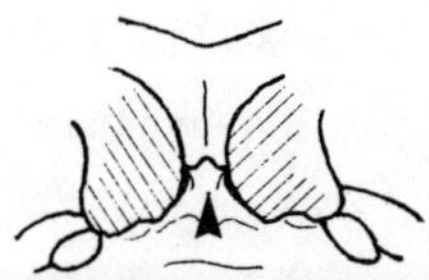

↓ berühren sich

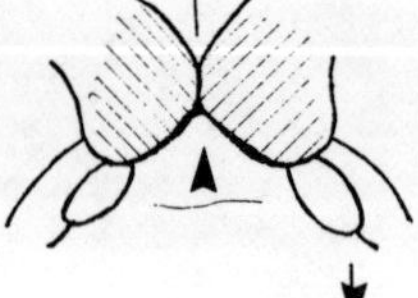

OBERKIEFER

→ oben deutlich quer gerunzelt: *CALOSOMA* (S.30)

↓ oben nicht quer gerunzelt: *CARABUS* (S.31)

TAB ②

HABITUS → Schwarz, Fld mit metallischen Punktgruben. Auch Seitenränder meist metallisch.

BLETHISA

(S.41)

↓ Anders

KOPF → am Augeninnenrand mit je einer Borste

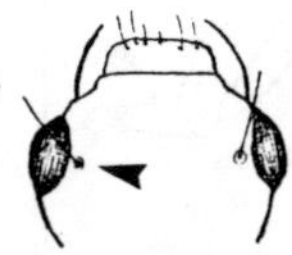

weiter bei

TAB ④

↓ am Augeninnenrand mit je zwei Borsten

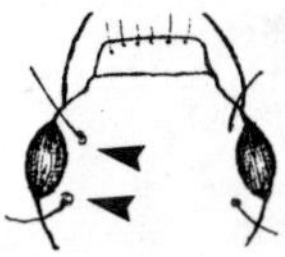

OBERKIEFER → breit, zangenartig, asymetrisch

LICINUS

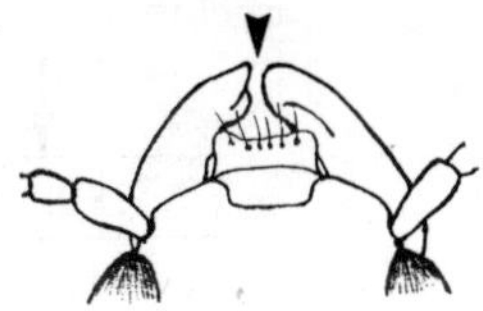

(S.102)

↓ einfach

KLAUEN → der Hintertarsen ungezähnt

weiter bei

TAB ③

↓

der Hintertarsen gezähnt

KÖRPERUMRISS → recht geschlossen

CALATHUS

(S.90)

↓

nicht geschlossen

HALSSCHILD → mit eckigen Hinterwinkeln

PRISTONYCHUS

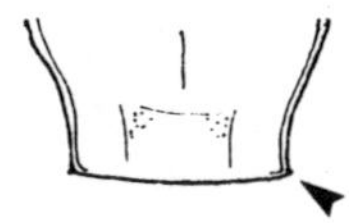

(S.92)

↓ mit verrundeten Hinterwinkeln

DOLICHUS

(S.91)

TAB ③

LIPPENTASTER

→ am vorletzten Glied innen mit mehr als zwei Borsten

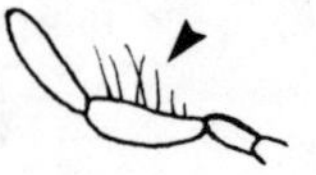

AMARA

(S.99)

↓ am vorletzten Glied innen mit nur zwei Borsten

FÜHLER

→ zumindest mit gekieltem zweiten und drittem Glied

POECILUS

(S.80)

↓ auch am zweiten und dritten Glied ungekielt

3. FÜHLERGLIED

→ extrem lang

SPHODRUS

(S.92)

↓ Anders

FLÜGELDECKEN

→ Im dritten Zwischenraum mit zumindest einem Porenpunkt

VORDERSCHIENE

→ nach vorn wenig verbreitert

PLATYNUS

(S.97)

→ nach vorn stark verbreitert

PTEROSTICHUS

(S.82)

↓ Im dritten Zwischenraum ohne Porenpunkte

TARSEN

→ oben behaart

MOLOPS

(S.88)

→ oben unbehaart

ABAX

(S.88)

TAB 4

3. FÜHLERGLIED

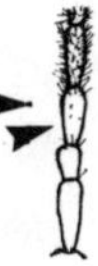

höchstens mit einzelnen Haaren

→ **OBERSEITE**

- unbehaart: *ZABRUS* (S.99)
- deutlich behaart: *CHLAENIUS* (S.100)

zumindest in der Endhälfte dicht behhart

→ **1. HINTERTARSENGLIED**

- kaum länger als das zweite: *HARPALUS* (S.65)

- etwa so lang wie zweites und drittes zusammen: *ANISODACTYLUS* (S.63)

Unterschiede
Sandlaufkäfer - Laufkäfer

Viele Autoren behandeln die Sandlaufkäfer (Cicindelidae) als Unterfamilie Cicindelinae innerhalb der Laufkäfer (Carabidae).

a

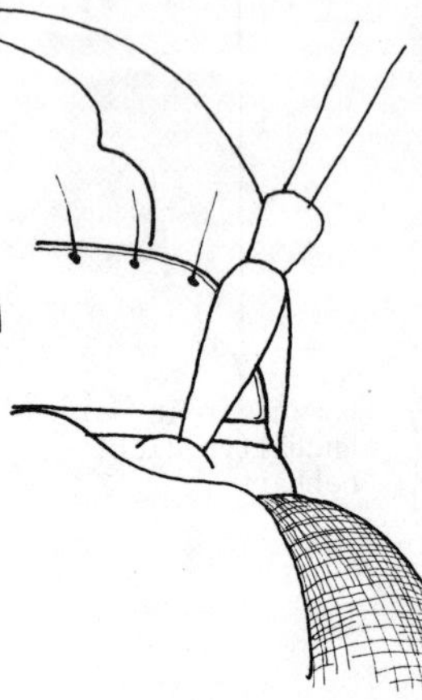

Wir folgen hier jedoch der Ansicht von MANDL 1971, der die Cicindelidae als eigene Familie auffaßt.
Ein wichtiges Merkmal bildet hierbei die Fühlereinlenkungsstelle. Diese befindet sich bei den Cicindelidae über und innerhalb der Oberkieferbasis (Abb. a), bei den Carabidae deutlich hinter der Oberkieferbasis (Abb. b).

Die Larven der Cicindelidae besitzen oben am fünften Hinterleibssegment einen, mit zwei Häkchen versehenen Höcker, das neunte Hinterleibssegment ist ohne paarige Anhänge (Cerci).
Den Larven der Carabidae fehlen die Häkchen am fünften Segment, dafür sind die Cerci am neunten Segment vorhanden.

b

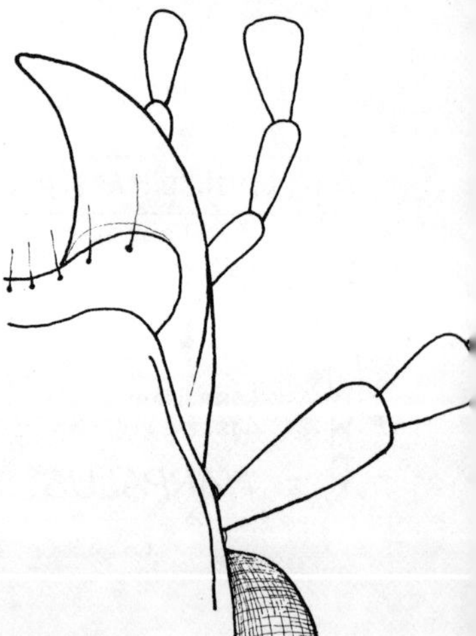

MANDL 1971 führt noch weitere Unterschiede - insbesondere Kopfmerkmale der Larven sowie Genitalmerkmale beim Imago - an, die uns hier allerdings nicht weiter interessieren.

Bei unseren heimischen Arten kommt noch die charakteristische Färbung der Cicindela-Arten dazu: Metallisch grün oder kupfrig mit heller Flecken- oder Bindenzeichnung.

Die Vertreter der beiden Familien unterscheiden sich also wie folgt:

1 Fühler über und innerhalb der Oberkieferbasis eingelenkt (Abb. a).
Fld grün oder kupfrig metallisch mit heller Flecken- oder Bindenzeichnung.

SANDLAUFKÄFER (CICINDELIDAE) . . . . SEITE 15

1* Fühler hinter der Oberkieferbasis eingelenkt (Abb. b).
Fld meist anders gefärbt.

LAUFKÄFER (CARABIDAE) . . . . SEITE 17

SANDLAUFKÄFER (Cicindelidae)

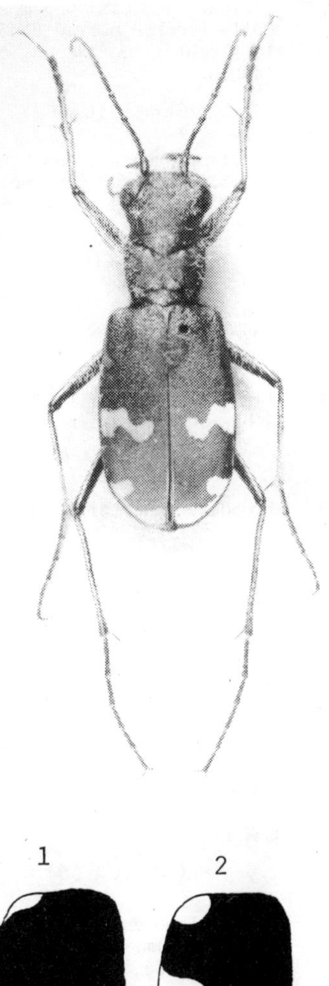

Cicindela (Sandlaufkäfer)

Die Familie der Sandlaufkäfer ist bei uns nur mit 8 Arten einer einzigen Gattung vertreten.

Durch die metallisch grüne oder kupfrige Oberseite mit der hellen Binden- oder Fleckenzeichnung sind die Sandlaufkäfer leicht kenntlich.
Die Käfer und ihre Larven leben räuberisch, sie ernähren sich von Spinnen, Würmern und verschiedenen Insekten. Die Larven leben in selbstgegrabenen Erdröhren, die bis zu einem halben Meter in den Boden reichen können. Am Eingang dieser Röhren lauern sie auf Beute. Die Käfer selbst erjagen ihre Beute meist in raschem Lauf. Bei Störung fliegen sie blitzschnell auf.
Vor allem an sonnigen und spärlich bewachsenen Stellen wie Trockenhängen, Kiesgruben, Dünen, Wegböschungen und Heidegebieten kommen die Sandlaufkäfer vor.
Besonders durch Flurbereinigung, Zuschüttung von Kiesgruben oder Aufforstung von Ödflächen sind die Arten stark bedroht.

ALLE ARTEN STEHEN
UNTER NATURSCHUTZ

1 Fld mit heller Flecken- und Bindenzeichnung (15.2).
. . . 3

1* Fld nur mit Flecken, ohne Mittelbinde (15.1).
. . . 2

2 Größer, 11 bis 15 mm. Nicht extrem schlank. Auch FldMitte mit weißem Fleck, der nur selten fehlt. Trockenhänge, sonnige Böschungen, Heide, Waldränder.
- CAMPESTRIS (Feldsandlaufkäfer)

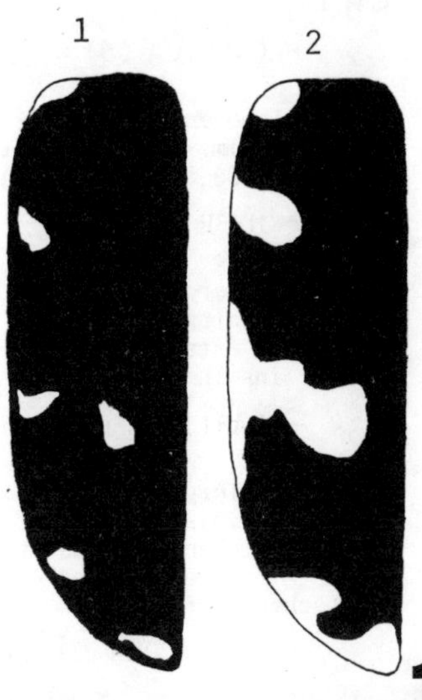

2* Kleiner, 7,5 bis 10,5 mm. Sehr schlank. Helle Flecken nur am FldSeitenrand. Kulturflüchter. Ödflächen, ehemalige Lehmgruben.

- GERMANICA (2) (Deutscher Sandlaufkäfer)

1

2

3 Oberlippe schwarz und längsgekielt. 14 bis 20 mm. Kiefernwälder, Heidegebiete, Nord- und Mitteldeutschland, im Süden nur sehr vereinzelt.

- SILVATICA (Waldsandlaufkäfer)

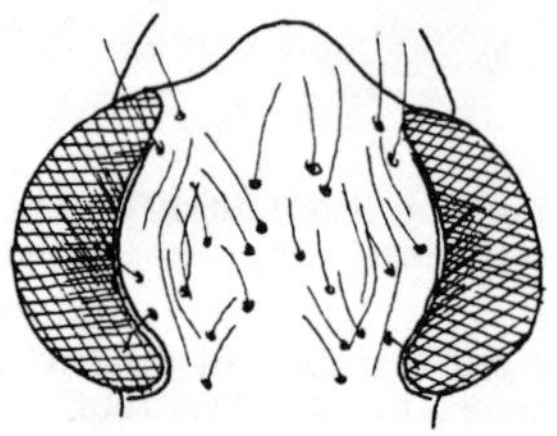
3

3* Oberlippe hell, selten angedunkelt, ungekielt. . . . 4

4 FldSeitenrand vollständig hell (16.2). 7 bis 10 mm. Bayern. Rheinland-Pfalz.

- ARENARIA (1)

4* FldSeitenrand teilweise dunkel (16.1). . . . 5

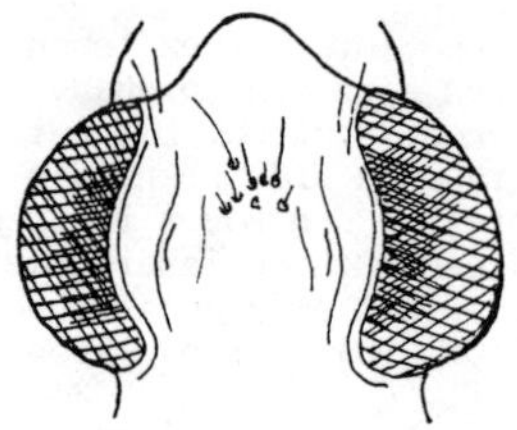
4

5 Stirnmitte zwischen den Augen spärlich oder auch dicht lang behaart (16.4), (16.3). . . . 7

5* Stirnmitte zwischen den Augen unbehaart (16.5). . . . 6

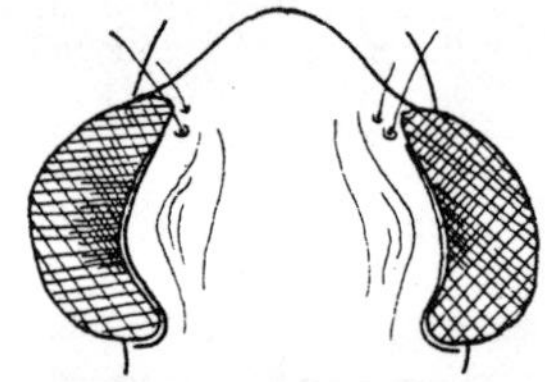
5

6 Endmakel der Fld in zwei Flecken aufgelöst (16.7), nur selten fein verbunden. 11 bis 15 mm. Alpin, über der Waldgrenze, bei uns nur im Allgäu.

- GALLICA (3)

6* Endmakel bogenförmig (16.6). 12 bis 16 mm. Sandige Gebiete, Ufer, Dünen, Heide, Kiefernwälder.

- HYBRIDA

6

7

7 Erstes Fühlerglied nur an der Spitze mit einigen Haaren (16.8). 10 bis 15 mm. Nord- und Ostseeküste, an Flüssen auch weiter ins Innenland vordringend.

- MARITIMA (2)

7* Erstes Fühlerglied vorne lang behaart (16.9). 12 bis 17 mm. Trockenhänge und Lehmgruben. Vor allem in den deutschen Mittelgebirgen, fehlt im norddeutschen Tiefland.

- SILVICOLA (Bergsandlaufkäfer)

8

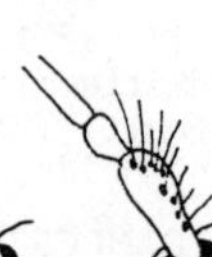
9

LAUFKÄFER
(Carabidae)

Die Familie der Laufkäfer (Carabidae) ist bei uns mit mehr als 450 Arten vertreten. Die Größe der Laufkäfer liegt etwa zwischen 1,5 mm und 4 cm. Die meisten sind carnivor, d.h. fleischfressend. Einige, insbesondere die Arten der Gattung Harpalus (Seite 65), ernähren sich zusätzlich phytophag, d.h. von pflanzlichen Stoffen; insbesondere von Pollen und Samen.

Eine einzige Laufkäferart, der Getreidelaufkäfer (Zabrus tenebrioides, Seite 99) lebt als Larve und Image phytophag an Getreidepflanzen. Insbesondere die Larven dieses Käfers wurden früher durch den Fraß an jungen Trieben schädlich, der Fraß der Käfer selbst an den Getreidekörnern ist relativ unbedeutend. Heute ist die Art bei uns selten.

Bei einigen Artengruppen (z.B. Gattung Carabus, Seite 31) erfolgt die Verdauung der Nahrung extraintestinal, d.h. außerhalb des Körpers. Hierbei werden Verdauungssäfte ausgeschieden und die verflüssigte Nahrung aufgeschlürft.

Ein großer Teil der Laufkäfer ist nachtaktiv, die anderen - meist farbenprächtigen - vorwiegend tagaktiv. Mehrere Arten besitzen ein gut ausgebildetes Abwehrsystem. Die Arten der Gattung Carabus können bei Gefahr ätzende Säfte aus umgebildeten Darmdrüsen verspritzen. Besonders ausgeprägt ist dieser Verteidigungsmechanismus bei den Bombardierkäfern (Gattung Brachinus, Seite 112) Diese lassen bei Beunruhigung ein Sekret ab, das an der Luft mit leisem Knall verpufft.

Durch Versuche mit der Pinzette kann man feststellen, daß sie recht zielgenau "schießen". Einige Carabiden, wie z.B. die Vertreter der Gattung Clivina (seite 43) und Dyschirius (Seite 43) graben Gänge im Boden und stellen dort verschiedenen Insekten und deren Larven nach. Hierzu sind sie besonders befähigt durch stark verbreiterte und bedornte Grabbeine, einem zylindrischen Körperbau und ein deutlich abgesetztes Halsschild, mit dem sie richtige Schaufelbewegungen ausführen.

Die Arten der Gattung Cychrus (Seite 36) ernähren sich vorwiegend von Gehäuseschnecken, der verlängerte Kopf und der schmale Halsschild ermöglichen ihnen ein tiefes Eindringen in das Gehäuse; die stark herabgezogenen Flügeldecken schützen die Atemöffnungen vor dem Verstopfen mit Schleim.

Besonders auffällig sind auch die kleinen, etwa 5 mm großen Vertreter der Gattung Notiophilus (Seite 40) mit ihren extrem großen Augen.

Die bei uns artenreichste Gruppe ist die Gattung Bembidion (Seite 47) mit etwa 90 Arten. Man findet die zwischen 2 und 7 mm großen Käfer vor allem an schattigen Bachufern oder lehmigen Hängen.

Viele Laufkäfer sind flugfähig, einige kommen abends ans Licht.

Gattungstabelle

1 Körper rundlich oval, grün und gelb gezeichnet (18.1). 4,5 bis 6,5 mm.

- OMOPHRON (S.41)

1* Anders . . . 2

2 Borsten auf dem zweiten bis vierten Fühlerglied länger als das Glied, auf dem sie stehen (18.2). 6 bis 8 mm.

- LORICERA (S.42)

2* Anders . . . 3

3 Letztes Kiefertasterglied extrem klein (18.3).

. . . 4

3* Letztes Kiefertasterglied verkleinert, aber mehr als halb so lang wie das vorhergehende (18.4). 2,2 bis 2,8 mm.

- PERILEPTUS (S.44)

3** Letztes Kiefertasterglied nicht extrem verkleinert (18.5).

. . . 8

4 Nahtstreif der Fld am Hinterende deutlich hakenförmig nach innen gebogen (18.6).

- TACHYS (S.45)

4* Wenn der FldNahtstreif am Hinterende umgebogen ist, verläuft er parallel zum hinteren FldSeitenrand und endet nicht mitten auf der Fld.

. . . 5

5 Außenende der Vorderschienen schräg abgestutzt (18.8).

- TACHYTA (S.47)

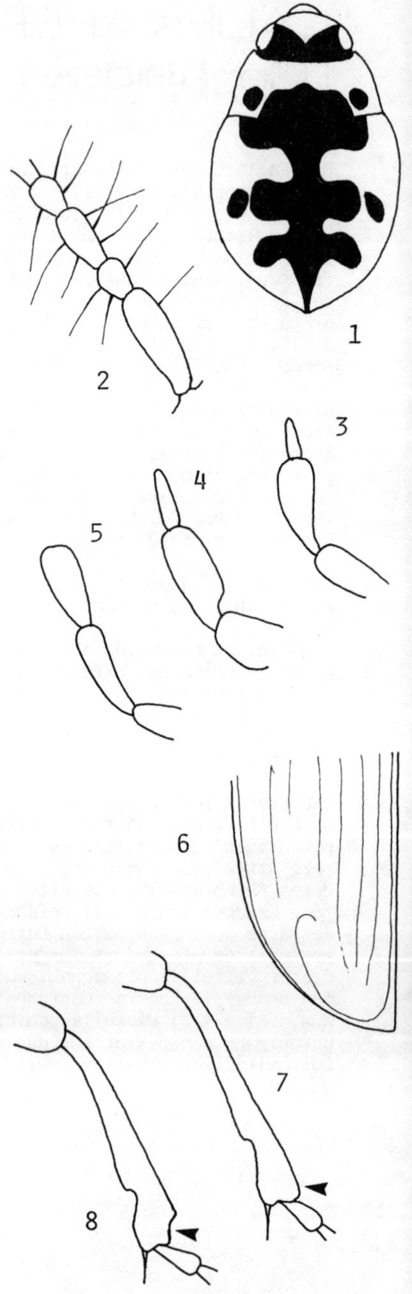

5* Außenende der Vorderschienen abgerundet (18.7). . . . 6

6 Fld anliegend fleckig behaart.

- ASAPHIDION (S.61)

6* Fld kahl. . . . 7

7 Fld mit vier Porenpunkten im dritten FldZwischenraum (19.2).

- CILLENUS (S.61)

7* Fld mit höchstens zwei Porenpunkten im dritten FldZwischenraum (19.1).

- BEMBIDION (S.47)

8 Augen sehr groß, die Fühler kurz, kaum über dreimal so lang wie der größte Augendurchmesser (19.3) (19.4). . . . 9

8* Augen ebenfalls vorgequollen, Fühler jedoch etwa viermal so lang wie der größte Augendurchmesser. 10 bis 13 mm. Schwach bronceglänzend, Seitenränder und zwei bis sechs größere Punktgruben auf den Fld kupfrig bis grünlich glänzend.

- BLETHISA (S.41)

8** Anders. . . . 10

9 Größer, 5,5 bis 9 mm. HSch deutlich schmäler als die Fld (19.4).

- ELAPHRUS (S.41)

9* Kleiner, 3,5 bis 5,5 mm. HSch etwa so breit wie die Fld (19.3).

- NOTIOPHILUS (S.40)

10 Hinterleib mit sieben oder acht sichtbaren Sterniten (19.5). Körper meist rötlich mit blaugrünen Fld. . . . 11

1

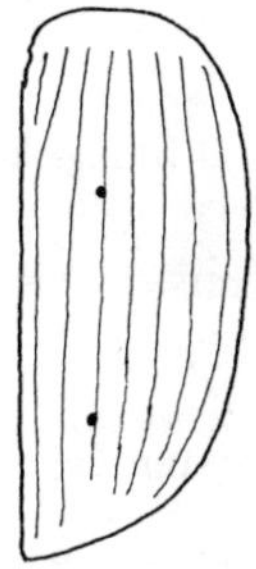

2

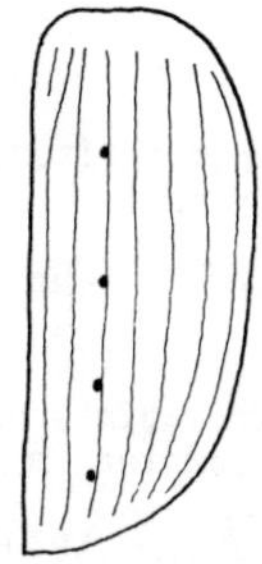

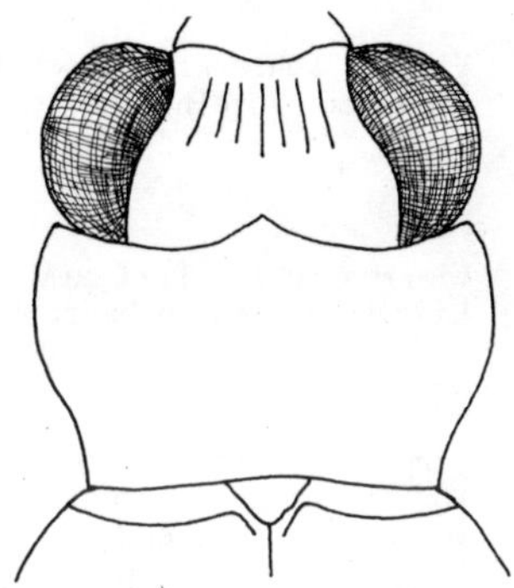

3

4

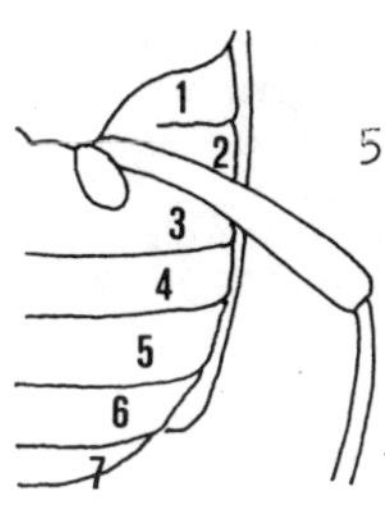

5

10* Hinterleib mit sechs sichtbaren Sterniten (20.1). . . . 12

11 Körper rötlich, Fld blaugrün. 4,9 bis 10,2 mm.

- BRACHINUS (S.112)

11* Körper einfarbig schwarz, 9,5 bis 15 mm. Nur montan im Südosten Bayern.

- APTINUS (S.112)

12 Viertes Fühlerglied höchstens am Ende mit einzelnen Haaren (20.4.).

. . . 13

12* Viertes Fühlerglied zumindest in der Endhälfte dicht behaart (20.3)

. . . 19

13 Körper halsartig eingeschnürt (20.2). Vorderschiene mit deutlicher Putzscharte vor dem Schienenende (20.6).

. . . 14

13* Körper nicht halsartig eingeschnürt. Vorderschiene höchstens am Ende mit einer Einbuchtung, der dort entspringende Sporn reicht dann allerdings zumindest bis zum Schienenende (20.5).

. . . 15

14 Größer, 16 bis 22 mm.

- BROSCUS (S.43)

14* Kleiner, 6,5 bis 8 mm.

- MISCODERA (S.44)

15 Oberkiefer außen mit Tastborste (20.7). Arten bis 15 mm, weniger gewölbt.

. . . 16

15* Oberkiefer außen ohne Tastborste. Arten von 12 bis 40 mm, immer recht stark gewölbt.

. . . 17

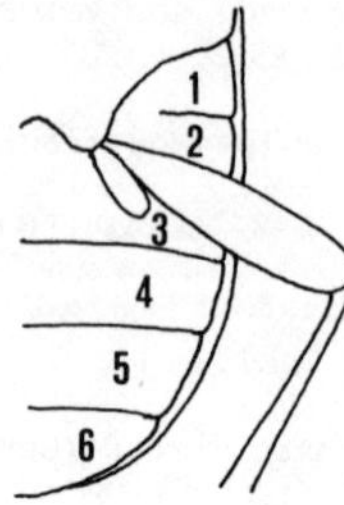

1

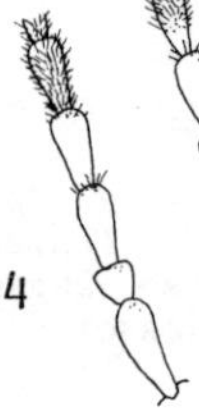
4

3

2

6

5

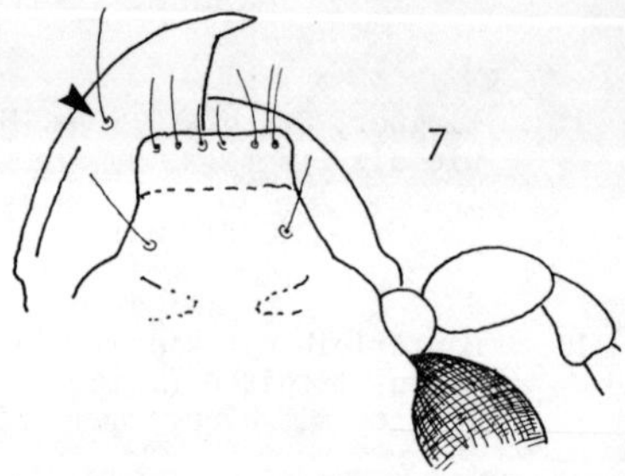
7

16 Oberkiefer außen stark abgeflacht verbreitert (21.1). 5 bis 9,5 mm.

- LEISTUS (S.37)

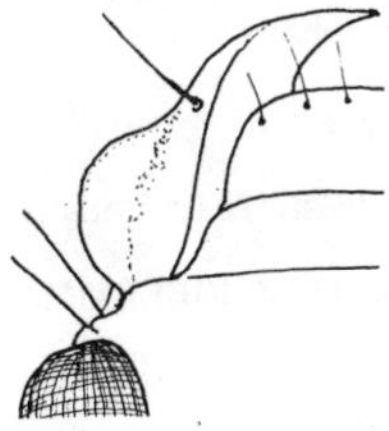
1

16* Oberkiefer außen nicht so stark verbreitert. 6 bis 15 mm.

- NEBRIA (S.38)

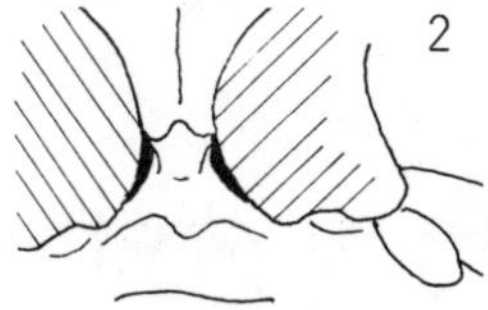
2

17 Hinterhüften getrennt (21.2). Kopf schaufelförmig verlängert.

- CYCHRUS (S.36)

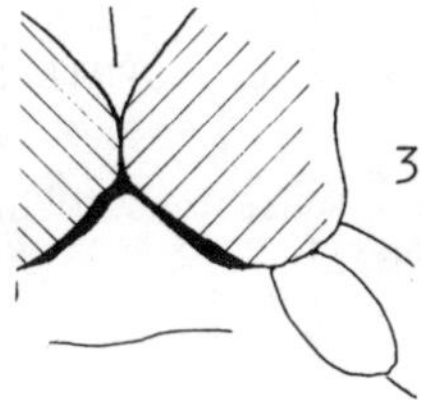
3

17* Hinterhüften berühren sich (21.3). . . . 18

18 Oberkieferoberseite stark quergerunzelt (21.4). HSch quer.

- CALOSOMA (S.30)

18* Oberkieferoberseite höchstens recht fein punktiert. HSch weniger quer.

- CARABUS (S.31)

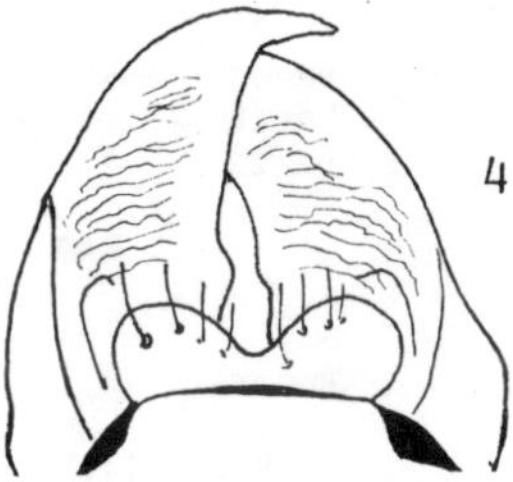
4

19 Körper halsartig eingeschnürt (21.5). Vorderschiene außen stachelförmig verlängert (21.6). . . . 20

19* Anders. . . . 21

20 Durchschnittlich größer, 4,5 bis 6,5 mm. Vier Porenpunkte im dritten FldZwischenraum. HSchSeiten bis hinten deutlich gerandet.

- CLIVINA (S.43)

5

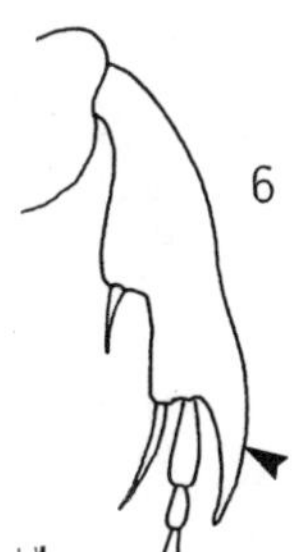
6

20* Arten von zwei bis 6 mm. Im dritten FldZwischenraum mit höchstens drei Porenpunkten. HSchSeitenrandung nach hinten erlöschend.

- DYSCHIRIUS (S.43)

21 Der FldNahtstreif biegt hinten hakenförmig auf die Fld um (21.7). . . . 22

21* Anders. . . . 25

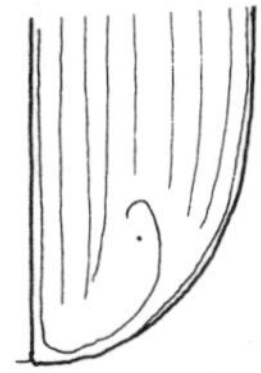
7

22 Fld fein behaart. . . . 23

22* Fld unbehaart. . . . 24

23 Auch der HSch fein behaart.

- TRECHOBLEMUS (S.45)

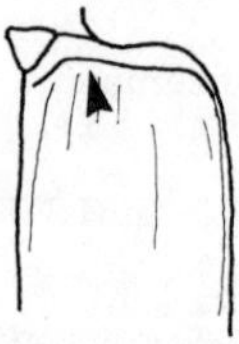

1

23* HSch unbehaart.

- LASIOTRECHUS (S.45)

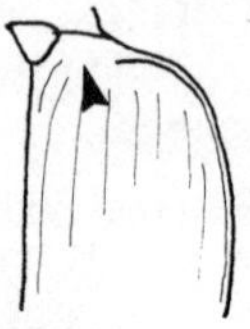

2

24 Fld vorne bis zum Schildchen gerandet (22.1).

- THALASSOPHILUS (S.44)

24* Fld vorne wenigstens im inneren Drittel ungerandet (22.2).

- TRECHUS (S.44)

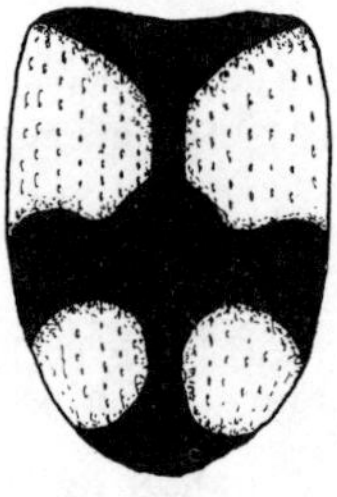

3

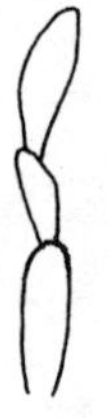

4

25 Fld rötlich mit schwarzer Kreuzzeichnung (22.3). Oberseite stark behaart und Augen stark kugelig vorgewölbt. Letztes Kiefertasterglied schräg angesetzt (22.4).

- PANAGAEUS (S.104)

25* Anders. . . . 26

26 HSch seitlich meist etwas abgeflacht und immer deutlich gerandet (22.5).

. . . 28

26* HSch verrundet zylindrisch mit höchstens teilweise angedeutetem und unvollständigem Seitenrand (22.6).

. . . 27

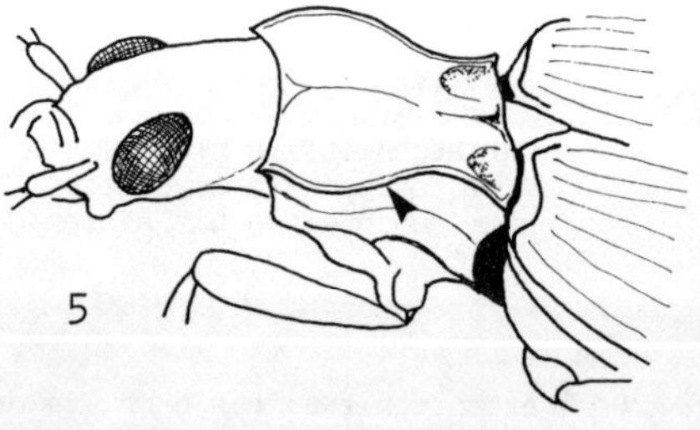

5

27 Fühler vom ersten Glied an behaart, dieses extrem lang (23.1).

- DRYPTA (S.112)

27* Fühler erst vom vierten Glied an behaart, das erste nicht extrem lang (23.2).

- ODACANTHA (S.105)

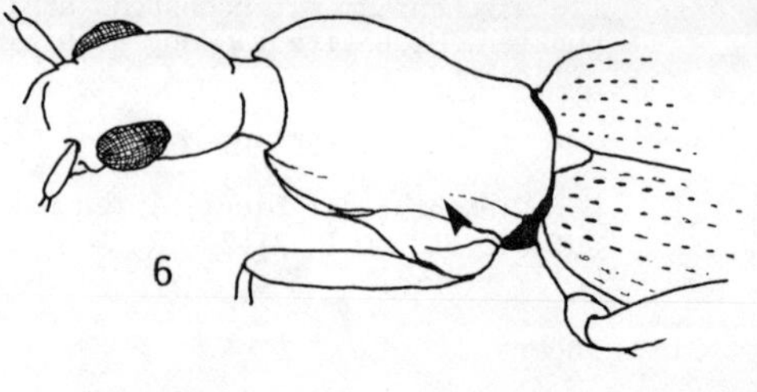

6

28 Fld hinten gerade oder schräg abgestutzt, die Ecken verrundet (23.3 23.4).

. . . 29

28* Fld hinten normal abgerundet, höchstens seitlich ausgerandet (23.5).

. . . 37

29 Vorderschienen außen mit vier Dornen (23.6). HSch etwa so breit wie die Fld.

- MASOREUS (S.105)

29* Vorderschiene außen ohne solche Dornen. HSch meist schmäler als die Fld.

. . . 30

30 Viertes Tarsenglied extrem vergrößert, zweilappig (23.7).

- DEMETRIAS (S.106)

30* Anders. . . . 31

31 HSchBasis trapezförmig nach hinten gezogen (23.8). HSch immer gelbrot, Fld grünblau metallisch, oft mit hellen Flecken.

- LEBIA (S.105)

31* HSchBasis nach hinten höchsten ausgerandet bogig (23.9).

. . . 32

32 Erstes Fühlerglied sehr lang, behaart (23.10).

- POLYSTICHUS (S.111)

32* Erstes Fühlerglied normal und unbehaart. (23.11).

. . . 33

33 Durchschnittlich größer, 6,5 bis 11,5 mm. Wenn unter 7,5 mm, dann Fld immer fein behaart.

- CYMINDIS (S.107)

33* Durchschnittlich kleiner, 2,6 bis 7 mm. Fld unbehaart.

. . . 34

1

2

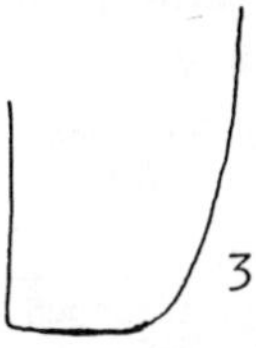
3

4

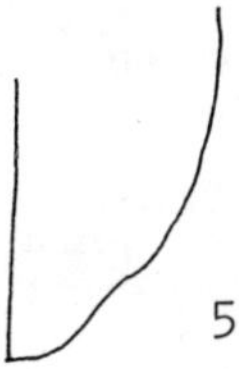
5

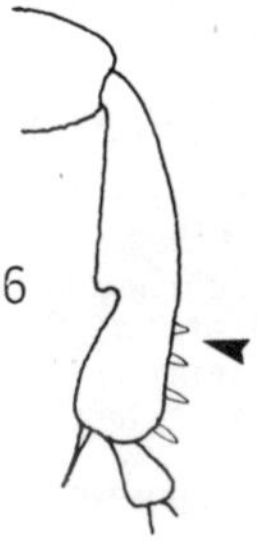
6

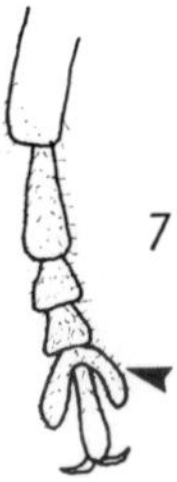
7

8

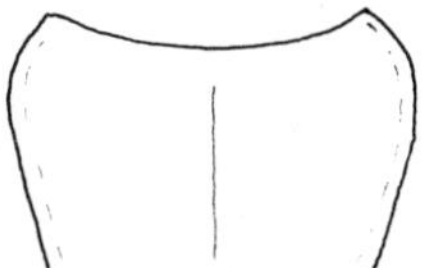
9

10

11

34 Der abgesetzte HSchSeitenrand zumindest im hinteren Teil ziemlich breit (24.1).

- DROMIUS (S.108)

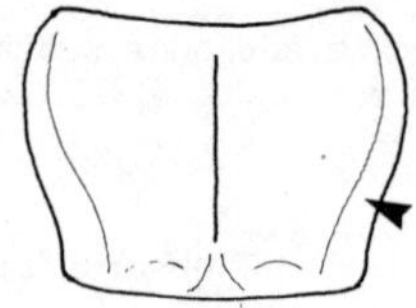
1

34* Der HSchSeitenrand überall nur sehr schmal (24.3).

. . . 35

35 HSchSeitenrand zwischen den beiden Randborsten stark bogig (24.2).

- LIONYCHUS (S.111)

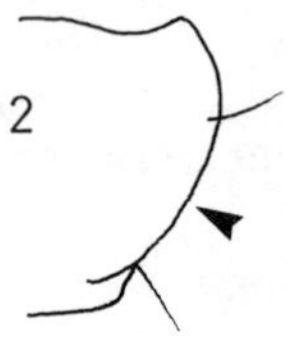
2

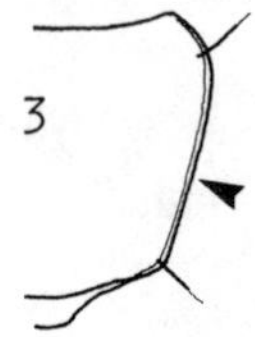
3

35* HSchSeitenrand zwischen den beiden Randborsten annähernd gerade oder leicht konkav verengt (24.3).

. . . 36

36 Fld hinten quer abgestutzt (24.4). Fühler vom zweiten oder dritten Glied an fein behaart.

- MICROLESTES (S.111)

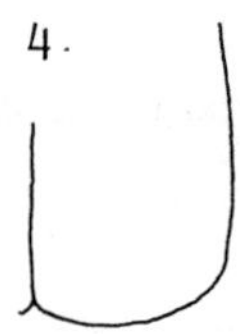
4.

5

36* Fld hinten schräg, meist leicht eingebuchtet abgestutzt (24.5). Fühler meist vom vierten, selten vom dritten Glied an fein behaart.

- SYNTOMUS (S.110)

37 Oberkiefer asymetrisch, zangenartig. Ein Teilder häutigen Oberlippenbasis liegt in einer Kopfschildausrandung frei (24.6).

. . . 38

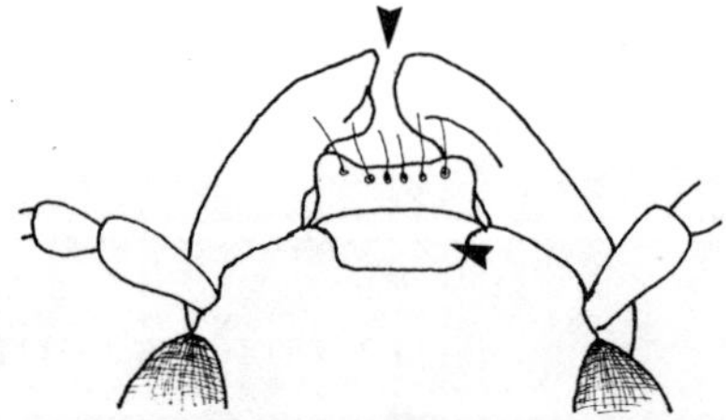
6

37* Oberkiefer normal, Kopfschild vorne nicht so ausgerandet. . . . 39

38 Kleinere Arten, 3,7 bis 8,2 mm. Bei Arten über 7 mm sind die Fld immer gelbrot mit schwarzer Zeichnung.

- BADISTER (S.103)

38* Größere und vollkommen schwarze Arten von 8 bis 18 mm.

- LICINUS (S.102)

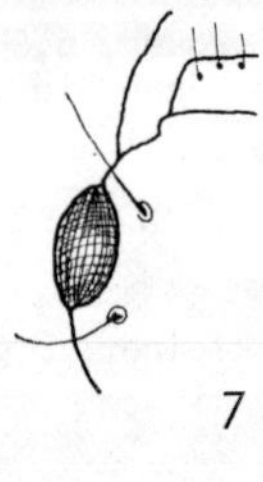
7

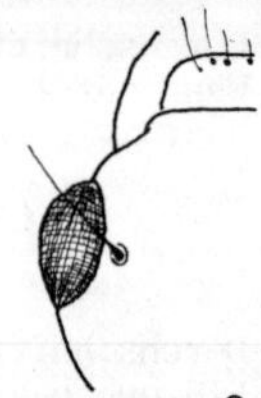
8

39 Kopf oben am Augenrand mit je zwei Tastborsten (24.7). . . . 40

39* Kopf oben am Augenrand mit nur je einer Tastborste (24.8).. . . 57

40 Vorletztes Lippentasterglied innen mit mehr als zwei Borsten (25.1). Körperumriß meist recht geschlossen.

- AMARA (S.99)

40* Vorletztes Lippentasterglied innen mit nur zwei Borsten (25.2). . . . 41

41 Oberkiefer außen mit Tastborste (25.3). Fühler vom dritten Glied an behaart. . . . 42

41* Oberkiefer außen ohne solche Tastborste. Fühler oft erst vom vierten Glied an behaart. . . . 43

42 Fld vorne bis zum Schildchen gerandet (25.4).

- POGONUS (S.62)

42* Fld vorne zumindest in der inneren Hälfte ungerandet (25.5).

- PATROBUS (S.62)

43 Klauen gezähnt (25.6). . . . 44

43* Klauen ungezähnt (25.7). . . . 47

44 Körperumriß recht geschlossen, HSch nach hinten kaum verengt (25.8).

- CALATHUS (S.90)

44* Körperumriß nicht geschlossen, HSch nach hinten deutlich verengt (25.9). . . . 45

45 HSchHinterecken verrundet (25.10). . . . 46

45* HSchHinterecken scharf (25.11).

- PRISTONYCHUS (S.92)

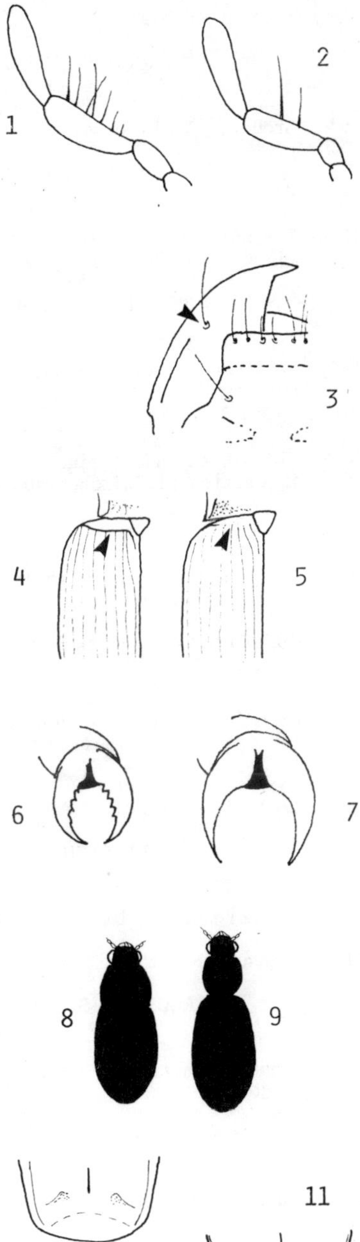

46 Kleiner, 6 bis 9 mm.

- SYNUCHUS (S.89)

46* Größer, 13 bis 19 mm.

- DOLICHUS (S.91)

47 Zumindest das zweite und dritte Fühlerglied vorn oben scharf gekielt (26.1).

- POECILUS (S.80)

47* Zweites und drittes Fühlerglied ohne solchen Kiel. . . . 48

48 Fld mit zumindest einem Porenpunkt im dritten FldZwischenraum (26.2). . . . 49

48* Fld ohne Porenpunkte im dritten FldZwischenraum. . . . 53

49 HSchHinterecken stumpf abgerundet (26.3 26.4). . . . 50

49* HSchHinterecken deutlich eckig (26.5) oder mit Zähnchen (26.6). . . . 52

50 Große Arten, ab 11,5 mm.

- PTEROSTICHUS (S.82)

50* Kleinere Arten, bis 10,5. . . . 51

51 Kinnausschnitt mit Mittelzahn (26.7).

- AGONUM (S.93)

51* Kinnausschnitt ohne Mittelzahn (26.8).

- OLISTHOPUS (S.92)

52 Zahn im Kinnausschnitt zweispitzig (27.1). Vorderschiene nach vorn stärker verbreitert (27.3).

- PTEROSTICHUS (S.82)

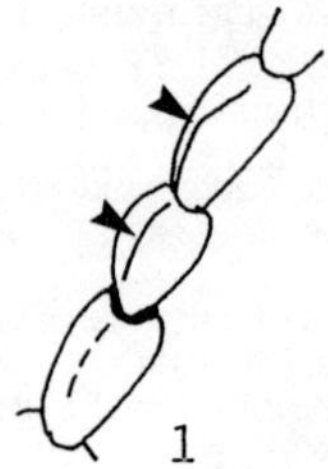
1

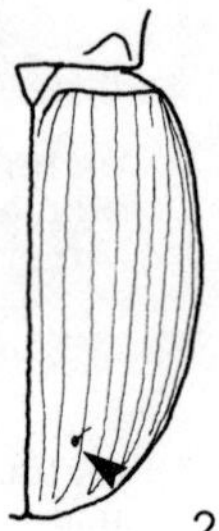
2

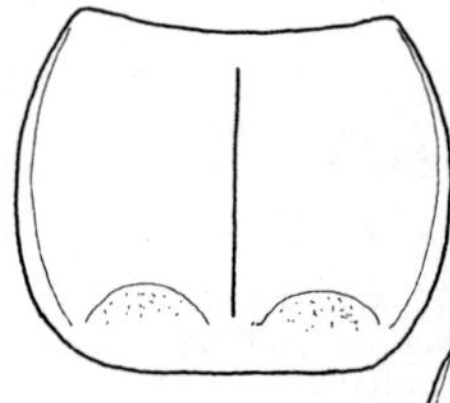
3

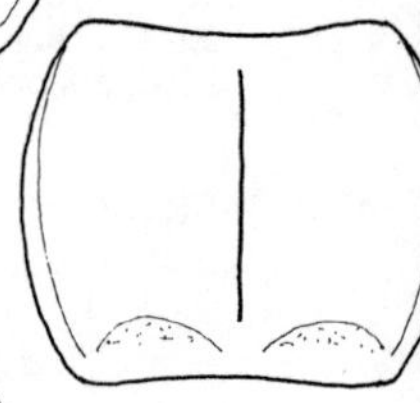
4

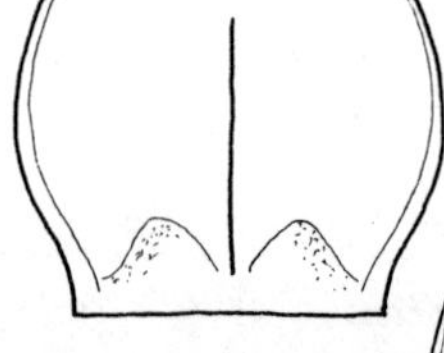
5

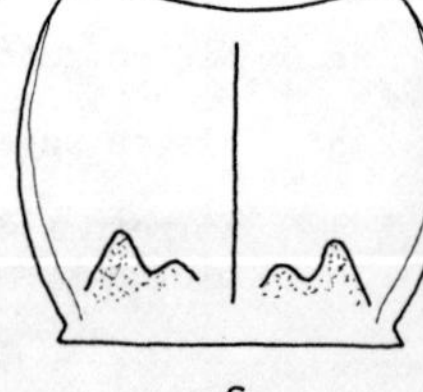
6

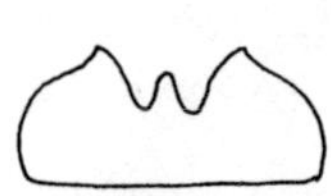
7

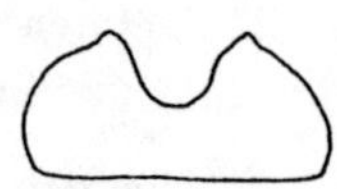
8

52* Zahn im Kinnausschnitt einspitzig (27.2). Vorderschiene nach vorn weniger verbreitert (27.4).

- PLATYNUS (S.97)

53 Sehr große Art (leucophthalmus), 17 bis 27 mm. Drittes Fühlerglied länger als erstes und zweites zusammen (27.5). HSch hinten mit goldgelbem Haarsaum.

- SPHODRUS (S.92)

53* Anders. . . . 54

54 Art von 6,5 bis 8,3 mm. Mit extrem langen Oberkiefern (27.6).

- STOMIS (S.80)

54* Arten ab 9 mm. Ohne solche extrem langen Oberkiefer. . . . 55

55 Schwarz, 12 bis 16 mm. Fld mit blauem Schimmer. Schlank, HSch nach hinten stark verschmälert.

- PRISTONYCHUS (S.92)

55* Schwarze, robustere Arten. Fld ohne blauen Schimmer. . . . 56

56 Fühler erst vom vierten Glied an behaart. Tarsen oben unbehaart.

- ABAX (S.88)

56* Fühler vom dritten Glied an behaart. Tarsen oben behaart.

- MOLOPS (S.88)

57 Drittes Fühlerglied mit höchstens einigen Borsten am Ende (27.7) oder fein behaart, aber immer deutlich spärlicher als das vierte (27.8). . . . 58

57* Drittes Fühlerglied zumindest in der Endhälfte genauso dicht behaart wie das vierte (27.9). . . . 61

1

2

3

4
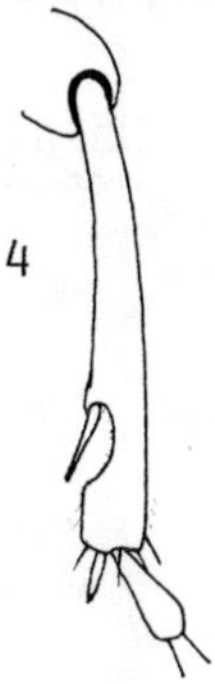

5
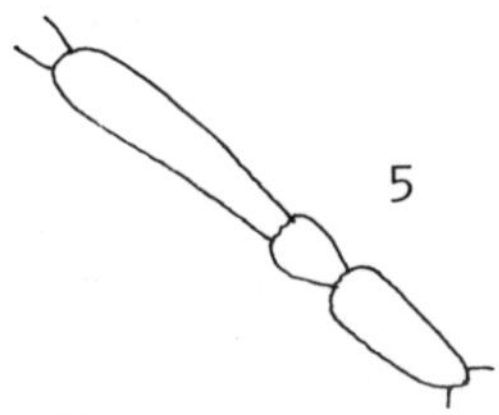

6
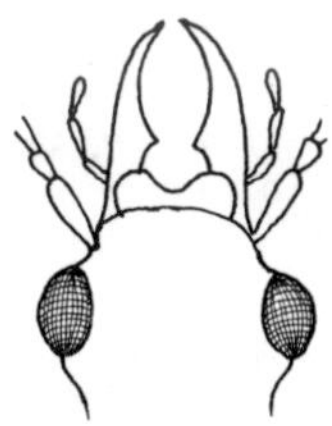

7

8

9

58 Einfarbig schwarz, oval. 7,5 bis 9,5 mm.

- OODES (S.102)

58* Entweder nicht einfarbig schwarz oder Arten ab 10 mm. . . . 59

59 Kleiner, 4,2 bis 7 mm. Fld gelblich braunrot mit blauschwarzer Zeichnung.

- CALLISTUS (S.101)

59* Größere Arten ab 8 mm mit anderer Färbung. . . . 60

60 FldOberseite deutlich behaart. Meist grüne, nur selten schwarze Arten.

- CHLAENIUS (S.100)

60* FldOberseite unbehaart. Schwarz, 12 bis 15 mm.

- ZABRUS (S.99)

61 Meist kleinere Arten von 2,2 bis 7,8 mm. Das vorletzte Lippentasterglied innen nur mit zwei Borsten (28.1).

. . . 62

61* Arten von 4,6 bis 17 mm. Vorletztes Lippentasterglied innen mit mehr als zwei Borsten (28.2).

. . . 67

62 HSchHinterecken entweder verrundet (28.3) oder scharf, dann aber ohne lange Eckborste (28.4).

. . . 63

62* HSchHinterecken scharf und mit langer Eckborste (28.5). Oberseite behaart. 4 bis 7,8 mm.

- DICHEIROTRICHUS (S.75)

63 Kinnausschnitt ohne Mittelzahn (28.6). . . . 64

63* Kinnausschnitt mit Mittelzahn (28.7). . . . 66

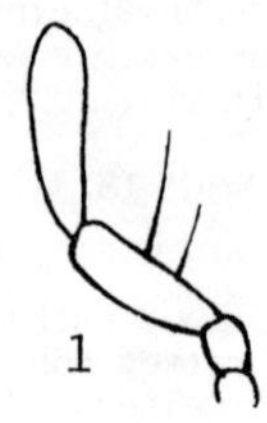

1

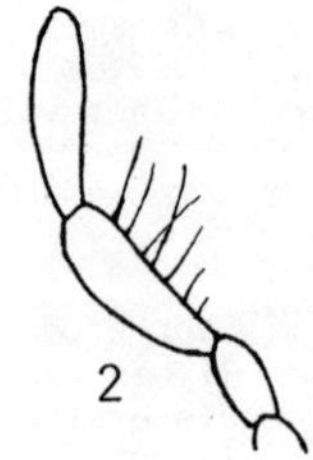

2

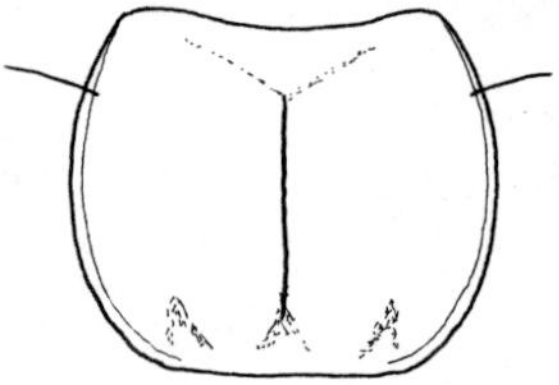

3

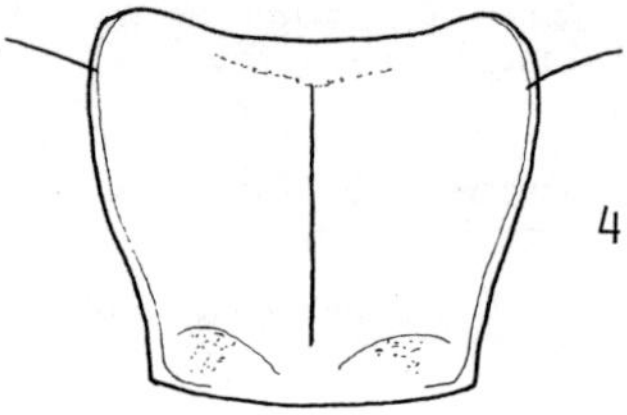

4

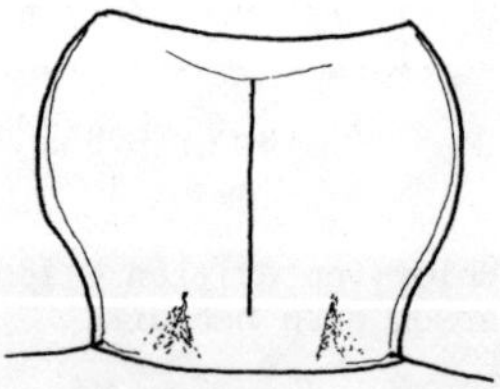

5

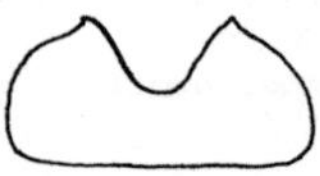

6

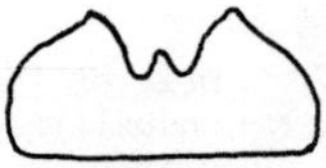

7

64 HSchHinterecken scharf (28.4). 3,7 bis 5 mm.

- ANTHRACUS (S.79)

64* HSchHinterecken verrundet (28.3). . . . 65

65 Kleinere Arten, 2,2 bis 4,7 mm.

- ACUPALPUS (S.77)

65* Größere Arten, 5 bis 7 mm.

- STENOLOPHUS (S.75)

66 Zumindest die äußeren FldZwischenräume und die Tarsenoberseite behaart.

- TRICHOCELLUS (S.76)

66* Fld und Tarsenoberseite unbehaart.

- BRADYCELLUS (S.76)

67 Kopf, Fld und Beine gelbrot. HSch und FldFleck bläulich. HSchSeitenrand aufgehellt gelbrot. 8 bis 10 mm.

- DIACHROMUS (S.64)

67* Anders. . . . 68

68 Erstes Hintertarsenglied etwa so lang wie zweites und drittes zusammen (29.1). 8 bis 13 mm. Kopf oft mit rötlichem Scheitelfleck.

- ANISODACTYLUS (S.63)

68* Erstes Hintertarsenglied kaum länger als das zweite (29.2). . . . 69

69 Von den beiden Grübchen an der Kopfschildquernaht läuft je eine feine Furche in Richtung Augenrand (29.3). . . . 70

69* Kopfschildquernaht mit den einfachen Grübchen, ohne solche Furchen (29.4).

- HARPALUS (S.65)

1

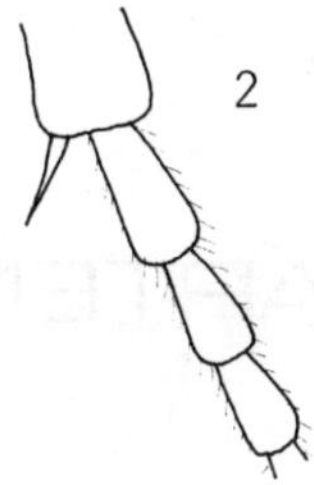

2

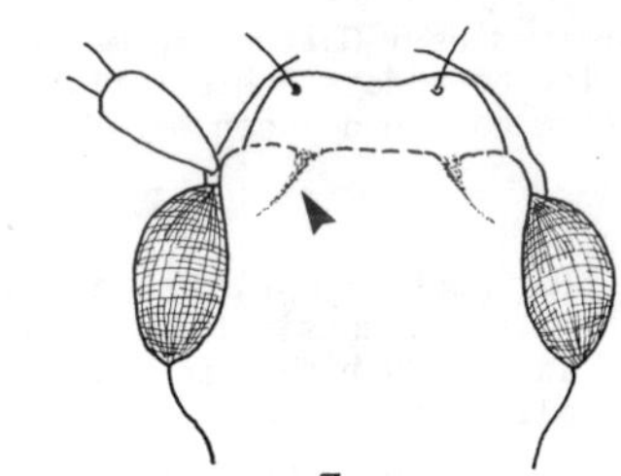

3

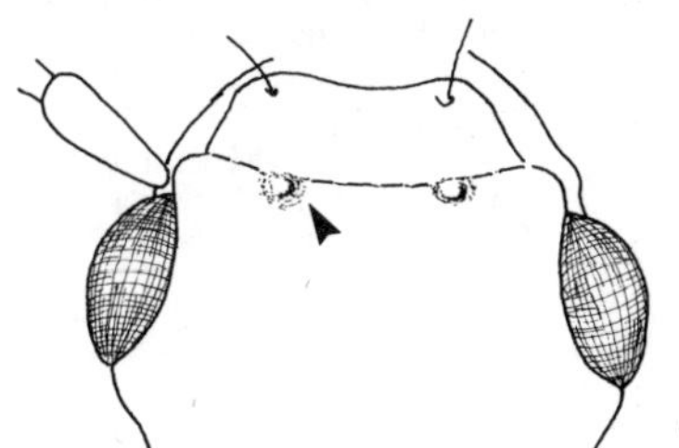

4

70 HSch und Fld behaart. 5,5 bis 7,5 mm.

- PAROPHONUS (S.64)

70* HSch und Fld unbehaart. 6 bis 8,5 mm.

- TRICHOTICHNUS (S.64)

ARTENTABELLEN

Calosoma (Puppenräuber)

ALLE ARTEN STEHEN UNTER NATURSCHUTZ

3 Arten dieser Gattung kommen bei uns vor. Sie stellen besonders Schmetterlingsraupen und -puppen nach und jagen mit Vorliebe auf Bäumen.

1 Der HSchSeitenrandwulst reicht bis zur Halsschildbasis (30.2). Grün metallisch, 20 bis 26 mm. Norddeutschland, vor allem in offenem Gelände.

- RETICULATUM (1)

1* Der HSchSeitenrandwulst reicht nicht bis zur Basis (30.1). . . . 2

2 Größte Art, 18 bis 30 mm. HSch schwarzblau, Flügeldecken (Fld) grünrot metallisch. Besonders auf Laubbäumen.
(Großer Puppenräuber)

- SYCOPHANTA (2)

2* Kleiner, 13 bis 21 mm. Einfarbig blauschwarz mit grünlich bis kupfrigem Metallschimmer. Bevorzugt Eichenwälder, gebietsweise nicht selten.
(Kleiner Puppenräuber)

- INQUISITOR (3)

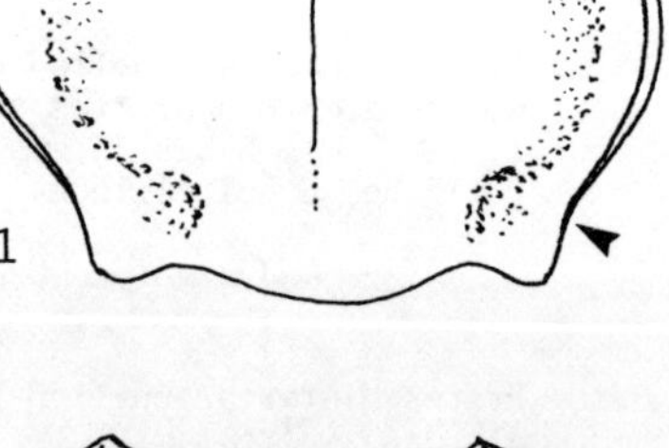

1

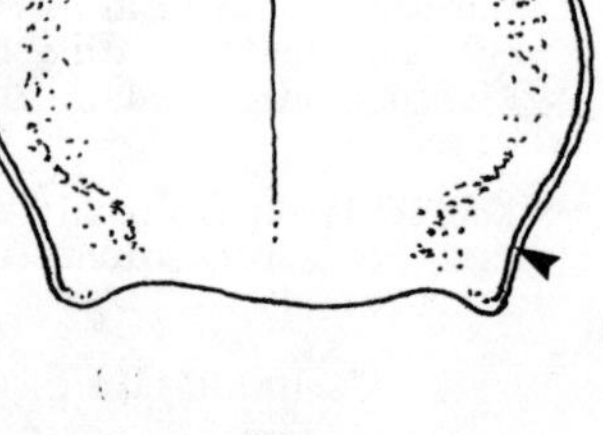

2

Carabus (Laufkäfer)

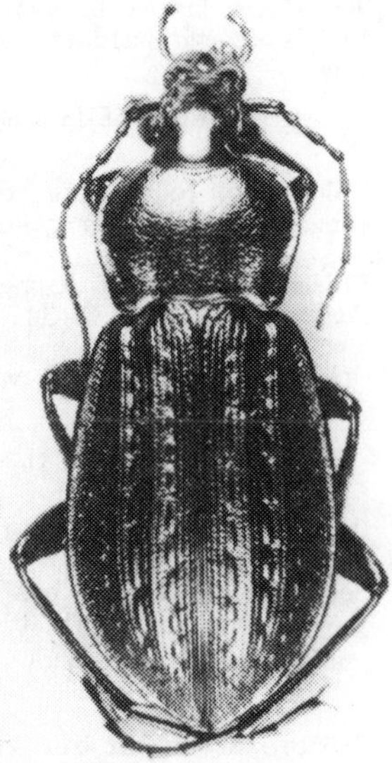

Diese Gattung ist bei uns mit über 20 Arten vertreten.
Da diese meist sehr groß und oft metallisch gefärbt sind, zählen sie zu den wohl bekanntesten Laufkäfern (z.B. Goldschmied = Carabus auratus).
Die Arten ernähren sich vor allem von verschiedenen Käfern, Larven, Würmern und Schnekken und müssen -insbesondere in Land- und Forstwirtschaft- als ausgesprochene Nützlinge bezeichnet werden.
Durch Biotopzerstörungen, chemische Schädlingsbekämpfung und ähnliches sind einige Arten bereits vom Aussterben bedroht (z.B. Heidelaufkäfer = Carabus nitens), andere stark im Rückgang.

ALLE ARTEN STEHEN
UNTER NATURSCHUTZ

1 Fld grüngolden metallisch, jede Fld mit drei Längsrippen (Nahtrippe nicht mitrechnen !). (34.5). . . . 2

1* Anders . . . 4

2 Kleiner, 13 bis 17 mm. Vorderschienenaußenende spitz vorgezogen (31.1). Beine und Fühler schwarz. Heide und Moorgebiete.

- NITENS (2) (Heidelaufkäfer)

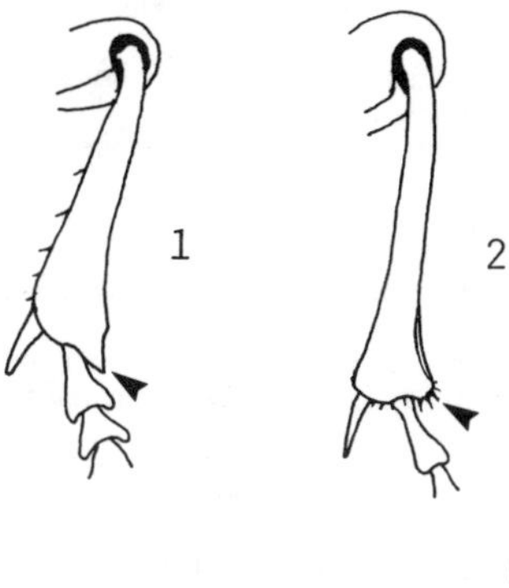

2* Größer, 18 bis 32 mm. Vorderschienenaußenende normal (31.2). Fühler oder Beine zumindest teilweise gelbrot. . . . 3

3 Zumindest die drei ersten Fühlerglieder gelbrot. FldRippen oben nicht deutlich schwarz. 18 bis 30 mm. Tagaktiv, vor allem auf offenen Flächen. Durch intensive Landwirtschaft gefährdet.

- AURATUS (Goldlaufkäfer)

3* Höchstens das erste Fühlerglied gelbrot. FldRippen oben schwarz. 18 bis 32 mm. Waldart, vor allem in den Mittelgebirgen und deren Vorland.

- AURONITENS (Goldglänzender Laufkäfer

4 Fld glatt, lederartig gerunzelt oder völlig gleichartig längsgestreift oder gekörnelt (35.5 34.1 34.3) . . . 5

4* Fld mit deutlichen Rippen, Kettenstreifen, Punktstreifen oder Punktgruben. (34.4 34.7 34.12) . . . 8

5 Größte Art, 30 bis 42 mm. Tiefschwarz, Fld lederartig gerunzelt (34.1). Waldart.

- CORIACEUS (Lederlaufkäfer)

5* Durchschnittlich kleiner, 14 bis 36 mm. FldStruktur anders. . . . 6

6 Sehr kleine Art, 14 bis 20 mm. Fld fein längsgestreift und punktiert (34.11). Kurzoval, blauschwarz.

- CONVEXUS (3)

6* Größere Arten, 22 bis 36 mm. . . . 7

7 Fld glatt, Oberseite stark gewölbt. Bevorzugt größere Waldgebiete.

- GLABRATUS (Glatter Laufkäfer)

7* Fld fein längsgekörnelt oder -gestreift (34.3). Oberseite weniger gewölbt.

- VIOLACEUS (Goldleiste)

8 Fld mit je zwei bis drei deutlich erhabenen Längsrippen, dazwischen je ein Kettenstreifen (34.10), der bei einer Art große Punktgruben aufweist (34.9). . . . 9

8* Fld ohne deutlich erhabene Längsrippen. Mit Kettenstreifen, Längsstreifen, Punktreihen oder -gruben. . . . 13

9 Fld mit je einer Reihe goldglänzender Punktgruben zwischen den erhabenen Rippen (34.9). 20 bis 36 mm. Moore, Gewässerufer und Sümpfe, auch unter Wasser. Vor allem im Norden.

- CLATHRATUS (2)

9* Ohne auffällige Punktgruben (34.10). . . . 10

10 Erstes Fühlerglied immer schwarz. Endrand der Flügeldecken nicht deutlich ausgerandet (34.7). . . . 11

10* Erstes Fühlerglied meist rötlich. 17 bis 32 mm. Endrand der Fld ausgerandet (34.10).

- CANCELLATUS (Körnerwanze)

11 Innerste FldRippe bis hinten deutlich (35.1). Durchschnittlich größer, 20 bis 31 mm. Im Süden Deutschlands, vor allem in offenem Gelände.

- ULLRICHI

11* Innerste FldRippe nach hinten verkürzt (34.7). Kleiner, 17 bis 24 mm. . . . 12

12 Die verkürzte erste FldRippe reicht über die FldMitte (34.7). 17 bis 23 mm.

- GRANULATUS (Körniger Laufkäfer)

12* Die verkürzte erste FldRippe reicht nicht über das erste FldDrittel (34.8). 18 bis 24 mm. Osteuropäische Art. Isoliertes Vorkommen im Bayerischen Wald und den Bayerischen Alpen.

- MENETRIESI (2)

13 Schwarz. Fld mit Kettenstreifen, die durch große und tiefe Gruben unterbrochen sind (34.12). 26 bis 33 mm. Montan in Süddeutschland. Sumpfgebiete, Bruchwald. Ufer.

- VARIOLOSUS (2) (Grubenlaufkäfer)

13* Anders . . . 14

14 Fld mit je drei Kettenstreifen, dazwischen mit feinen Längsstreifen oder Runzelung (34.4 35.2 34.6) . . . 15

14* Fld ohne Kettenstreifen, fein längsgerillt mit Punktgrübchen (35.3 35.4 35.6) . . . 18

15 Kettenstreifen deutlich erhaben, dazwischen nicht regelmäßig längsgerillt (34.4). Blauviolett, schlank. 24 bis 35 mm. Bevorzugt Wälder.

- INTRICATUS (3) (Blauer Laufkäfer)

15* Zwischen den weniger vorstehenden Kettenstreifen mit deutlichen Längsrillen oder Kielen (34.6 35.2) . . . 16

16 Die drei letzten Sternite (Bauchringe) mit feiner Querfurche (33.1). Blauschwarz. 20 bis 30 mm. Waldart, vor allem in den Mittelgebirgen und deren Vorland.

- PROBLEMATICUS

16* Die drei letzten Sternite höchstens seitlich mit Furchenrest. Meist kupfrig bis grün. . . . 17

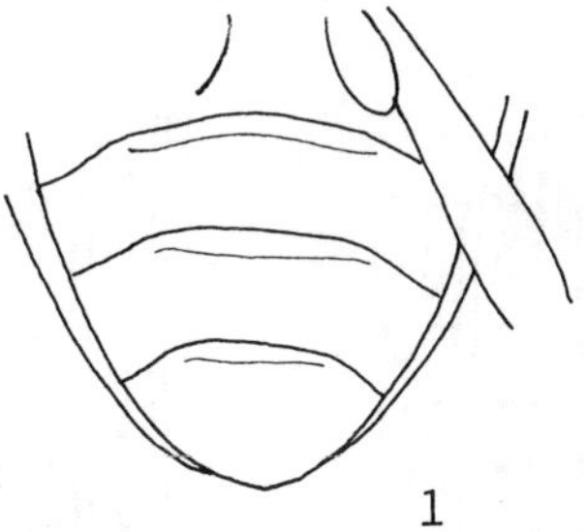

1

17 Kleinere Art, 15 bis 21 mm. Kettenstreifen meist flacher als die benachbarten Längskielchen, letztere manchmal teilweise in Körnchen aufgelöst. Meist metallisch kupfrig. Bevorzugt Wälder.

- ARCENSIS (3)

1

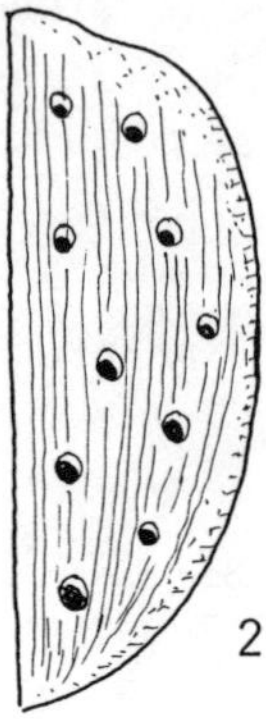

2

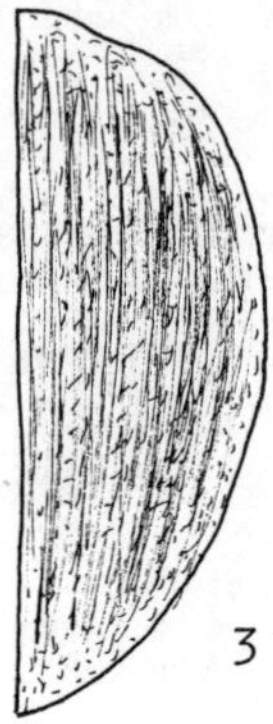

3

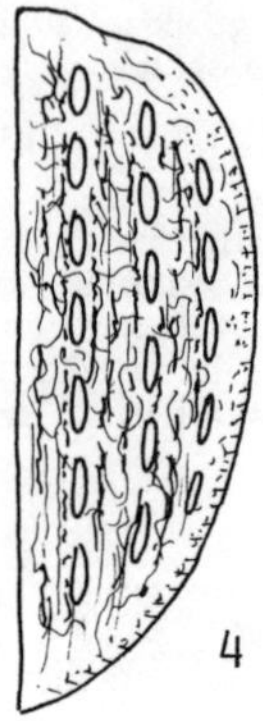

4

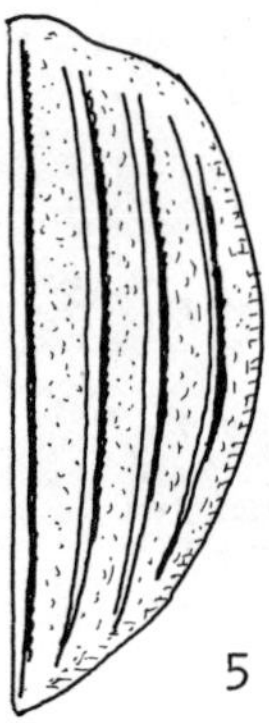

5

6

7

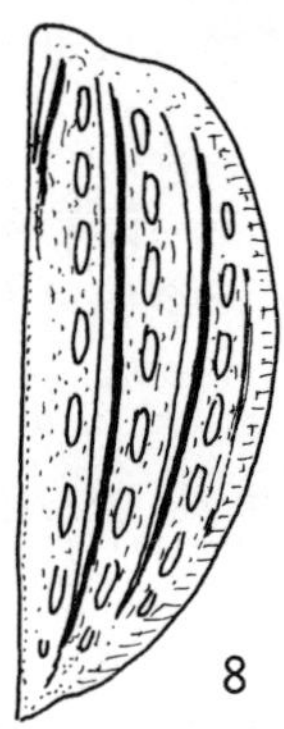

8

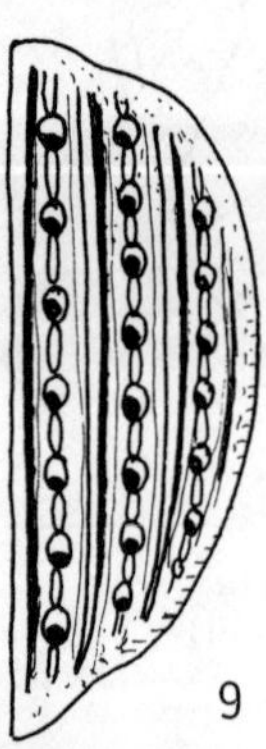

9

10

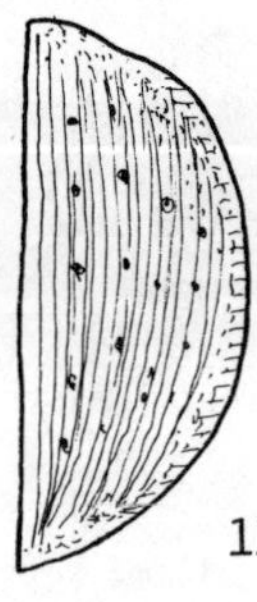

11

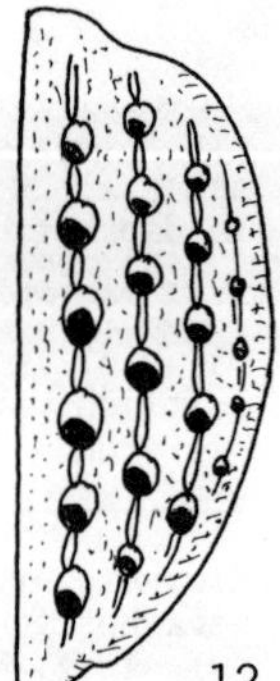

12

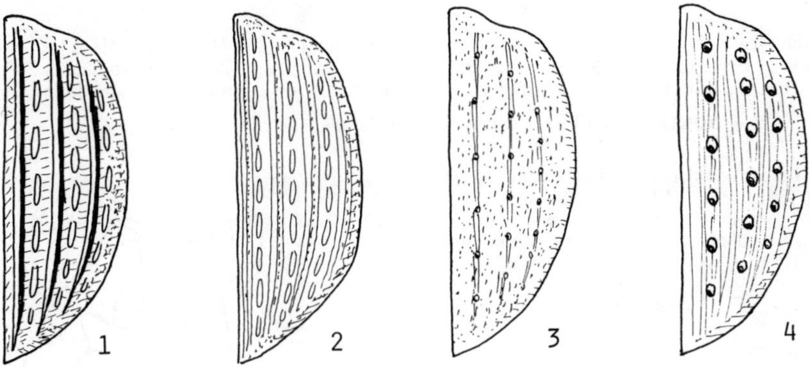

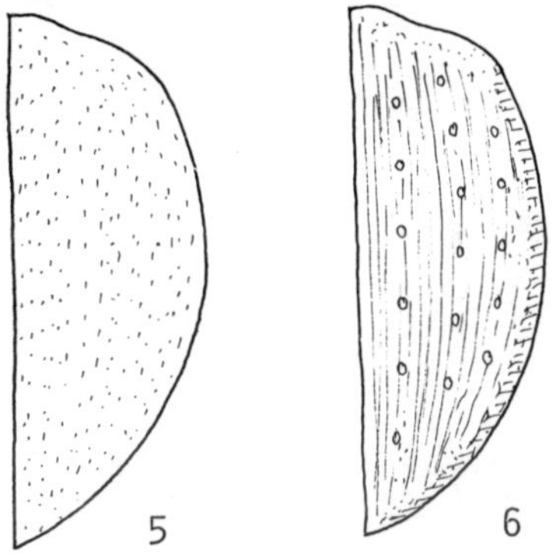

CARABUS - FLÜGELDECKEN

34/ 1 :	- coriaceus		
2 :	- irregularis		
3 :	- violaceus		
4 :	- intricatus		
5 :	- auronitens	ähnlich :	- auratus - nitens
6 :	- problematicus		
7 :	- granulatus		
8 :	- menetriesi		
9 :	- clathratus		
10 :	- cancellatus		
11 :	- convexus		
12 :	- variolosus		
35/ 1 :	- ullrichi		
2 :	- monilis	ähnlich :	- arcensis
3 :	- nemoralis		
4 :	- hortensis		
5 :	- glabratus		
6 :	- silvestris	ähnlich :	- linnei

17* Größere Art, 20 bis 32 mm. Kettenstreifen und Längskiele fein, gleichmäßig erhaben (35.2). Meist metallisch kupfrig. Bevorzugt offenes Gelände; vielfach an Bachufern, auf feuchten Wiesen, auch in Auwäldern.

- MONILIS (3) (Feingestreifter Laufkäfer)

18 Linker Oberkiefer stark vergrößert (36.1). FldGrübchen unregelmäßig (34.2). 18 bis 30 mm. Broncefarben, die Grübchen oft violett oder rötlich. Waldart, vorzugsweise montan.

- IRREGULARIS

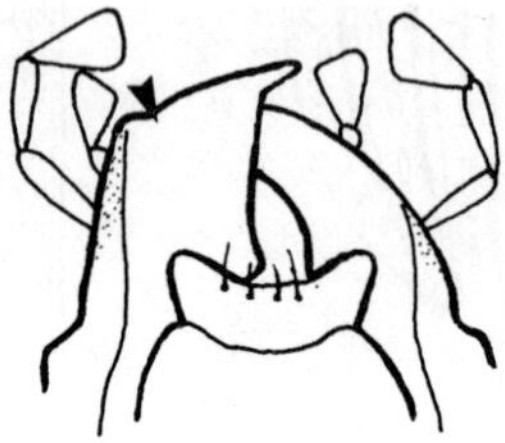

1

18* Anders . . . 19

19 Fld dunkel mit reihigen rotvioletten Punktgruben (35.4). 22 bis 30 mm. Waldart, bevorzugt steinig-kiesige Böden.

- HORTENSIS (Gartenlaufkäfer)

19* Fld mit kleineren Punktgrübchen, die sich nicht durch Andersfarbigkeit abheben. . . . 20

20 Zumindest erstes Fühlerglied und Schienen gelbrot. Kupfrig-broncefarben. 16 bis 22 mm. Feuchtigkeitsliebende Art, Wälder der Mittelgebirge und Alpen.

- LINNEI (2)

20* Fühlerglieder ganz schwarz. . . . 21

21 Fld fein längsrunzelig mit Reihen feiner Punktgrübchen (35.3). Meist dunkel bronceblau mit grünlichem Schimmer. 19 bis 28 mm. Wälder, Gärten.

- NEMORALIS (Hainlaufkäfer)

21* Fld mit deutlichen Längsrillen, von Punktgrübchen unterbrochen (35.6). Meist hell kupfrig-broncefarben. 17 bis 25 mm. Waldart der höheren Mittelgebirgslagen und der Alpen.

- SILVESTRIS

Cychrus Schaufelläufer)

ALLE ARTEN STEHEN UNTER NATURSCHUTZ

Diese Gattung ist bei uns mit nur 3 Arten vertreten, davon kommt eine nur im Allgäu vor.
Die Tiere leben vor allem in feuchten Wäldern und bevorzugen

dabei montane Gebiete.
Sie fressen vor allem Gehäuseschnecken, wozu sie durch ihren Körperbau besonders befähigt sind: Der Kopf ist schaufelförmig verlängert, was ein tiefes Eindringen in Schneckengehäuse ermöglicht und die Flügeldecken sind seitlich weit heruntergezogen um die Atemöffnungen vor dem Verstopfen mit Schleim zu schützen.

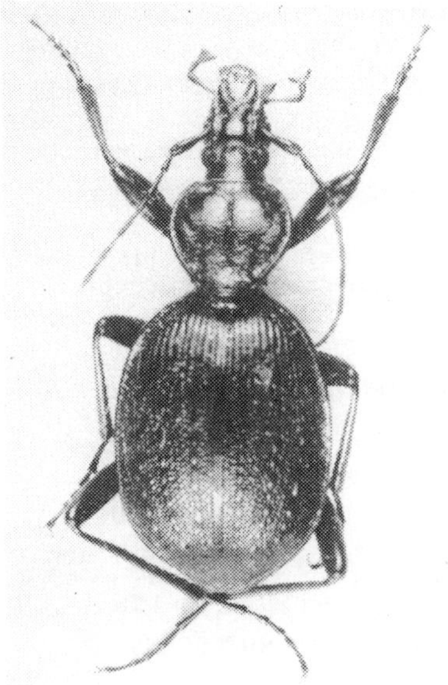

1 HSchOberseite stark gewölbt. Seitenrandwulst undeutlich. 18 bis 23 mm. Montan bis subalpin, bei uns nur im Allgäu.

- ANGUSTATUS (4)

1* HSch leichter gewölbt. Seitenrandwulst deutlich abgesetzt. . . . 2

2 Mattschwarz, Fld lederartig. Beine ganz dunkel. 12 bis 21 mm. Vor allem in feuchten Wäldern.

- CARABOIDES

2* Schwarz mit Bronceglanz. Fld mit drei deutlichen, nach vorne erloschenen Kettenstreifen. Schienen gelbbraun, deutlich heller als Schenkel und Tarsen. 11 bis 17 mm. Vor allem montan.

- ATTENUATUS

Leistus (Bartkäfer)

6 Arten dieser Gattung kommen bei uns vor. An dem queren Halsschild und den außen stark erweiterten Oberkiefern sind sie leicht kenntlich.

1 Einfarbig schwarzbraun, ohne Metallglanz. 5,5 bis 9,5 mm. Waldart, vor allem in den Mittelgebirgen, auch alpin.

- PICEUS (3)

1* Zumindest Fld gelbbraun oder deutlich metallisch oder mit deutlich abgesetzt hellem Seitenrand. . . . 2

2 Oberseite dunkel mit deutlichem grünen oder blauviolettem Metallglanz. . . . 3

2* Zumindest FldSeitenrand aufgehellt, Oberseite ohne Metallglanz. . . . 4

3 Oberseite blauviolett metallisch. 7,5 bis 9 mm. Tieflandart, wärmeliebend.

- SPINIBARBIS (3)

3* Oberseite grünlich metallisch. 6 bis 8 mm. Nur in den Alpen Bayerns.

- NITIDUS (4)

4 Größere Art, 7,5 bis 9 mm. Fld dunkel mit hellem Seitenrand. Bevorzugt Laubwälder.

- RUFOMARGINATUS

4* Kleinere Arten, 5 bis 7 mm. Fld rotbraun bis gelb. . . . 5

5 Einfarbig rotbraun bis gelb. 5,5 bis 7 mm. Wärmeliebend, bevorzugt sandige Böden.

- FERRUGINEUS

5* Körper rotbraun bis gelb, Kopf schwarz. 5 bis 7 mm. Vor allem im Norden Deutschlands, in Wäldern.

- RUFESCENS

Nebria (Dammläufer)

Mit 9 Arten ist diese Gattung bei uns heimisch. Einige kommen vor allem an schotterigen Bachufern vor -hauptsächlich montan-, die häufigste (N.brevicollis) ist eurytop.

1 Fld mit gelbem Seitenrand. Fühler und Beine gelbrot. 12 bis 15 mm. An lehmigen Ufern unter Steinen.

- LIVIDA (2)

1* Fld einfarbig schwarz bis braun.. . . 2

2 Fld ohne Schulterbeule (39.1).. . 7

2* Schulterbeule zumindest angedeutet (39.2). . . . 3

3 Hinterleibsende und Kopf rötlich aufgehellt. 10 bis 15 mm. An Flußufern, vor allem montan.

- PICICORNIS

3* Höchstens ein Kopfscheitelfleck rötlich, Körper sonst schwarz.
. . . 4

4 Kopf mit rötlichem Scheitelfleck. 11 bis 14 mm. Alpengebiet, vor allem an Bergbächen.

- JOCKISCHI (2)

4* Kopf ohne rötlichen Scheitelfleck.. . 5

5 Alle Tarsenglieder oben kahl (39.3). 9 bis 12 mm. Schwarzwald und Alpen, an steinigen Ufern.

- GYLLENHALI

5* Zumindest Vorder- und Mitteltarsen oben mit Haaren (39.4).
. . . 6

6 Hintertarsen oben kahl. 9 bis 12,5 mm. Vor allem im Norden, wärmeliebend auf Sandböden.

- SALINA

6* Auch die Hintertarsen oben mit Haaren. 10 bis 13 mm.

- BREVICOLLIS

7 Oberseite der Tarsen kahl. 6 bis 10,5 mm. Schwarzwald, Odenwald, Bayrischer Wald und Alpen.

- CASTANEA

7* Oberseite der Fußglieder mit Haaren.
. . . 8

8 Größere Art, 10 bis 12,5 mm. Alpin im östlichen Bayern auf Geröll und an Schneerändern.

- HELLWIGI

8* Kleinere Art, 7 bis 9 mm. Hochalpin im Wettersteingebirge.

- BREMII (4)

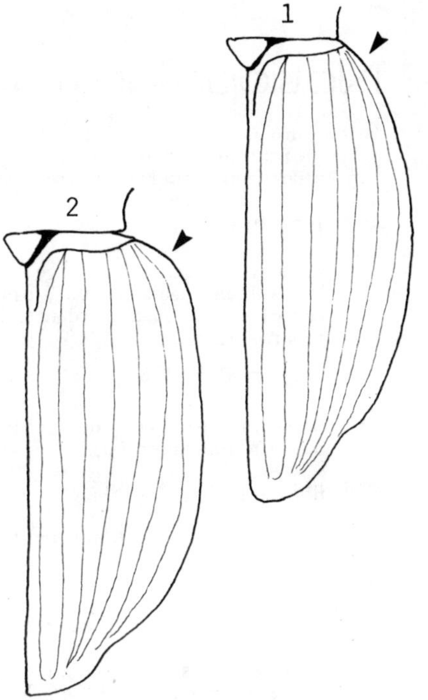

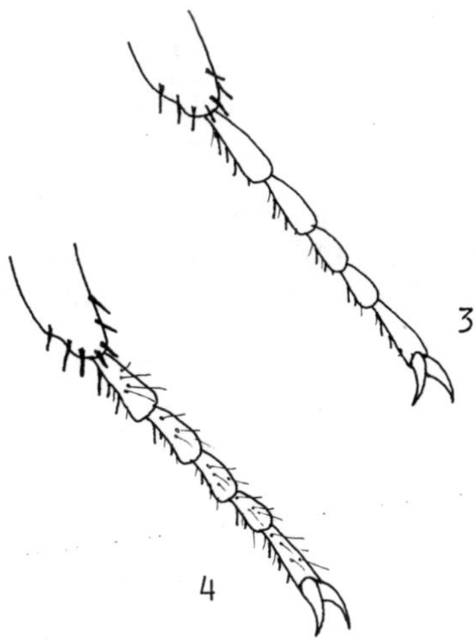

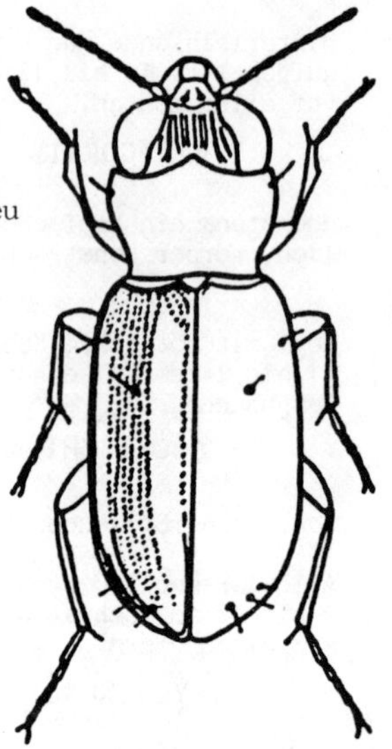

Notiophilus (Eilkäfer)

Durch ihre Gestalt sind die 7 bei uns vorkommenden Arten leicht erkennbar. Man findet sie in der Bodenstreu von Wäldern und Trockengebieten, aber auch an Bachufern. Sie scheinen sich von Springschwänzen(Collembolen) zu ernähren.

1 Beine vollkommen rötlichgelb, die Schenkel selten angedunkelt. 5 bis 5,5 mm. Wärmeliebend, nach Norden und Osten seltener werdend.

- RUFIPES

1* Beine braunschwarz, die Schienen bei einigen Arten hell. . . . 2

2 Fld einfarbig dunkel. . . . 3

2* Fld hinten mit gelblichem Fleck.. . . 6

3 Beine vollkommen schwarz. . . . 4

3* Schienen rötlichgelb aufgehellt. . . . 5

1

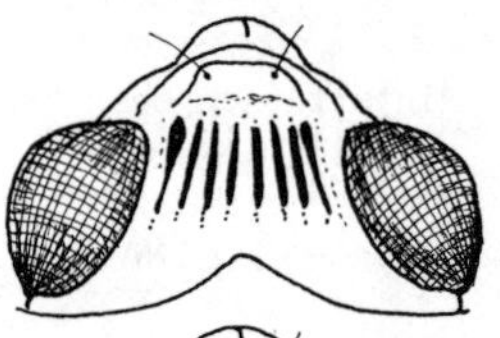

4 Kopf mit meist acht deutlichen und recht regelmäßigen Längsfurchen (40.1). Hintertarsen deutlich länger als die Schienen. Vor allem auf sandigem Boden, nach Süden und Westen seltener. 4 bis 5,3 mm.

- PUSILLUS

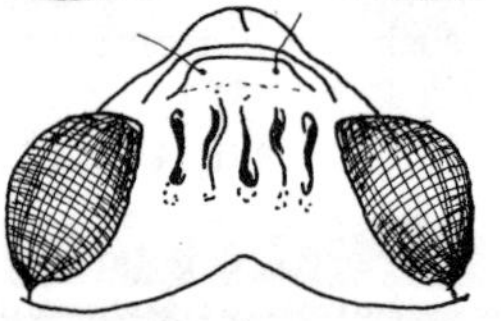

2

4* Kopf mit meist fünf oft weniger deutlichen Längsfurchen (40.2). Hintertarsen kaum länger als die Schienen. 4 bis 5,5 mm.

- AQUATICUS

5 Stark glänzend. Durchschnittlich größer, 4 bis 5,5 mm. Die siebte Punktreihe der Fld nach hinten ab der Mitte sehr fein werdend. Schattenliebend.

- PALUSTRIS

5* Weniger glänzend. Kleiner, 4 bis 4,5 mm. Die siebte Punktreihe der Fld ab der Mitte kaum feiner werdend. Vor allem unter Besenheide.

- HYPOCRITA

6 Die Schienen sind nur teilweise (meist in der Mitte) aufgehellt. 4 bis 5 mm. Vereinzelt an Gewässerufern.

- SUBSTRIATUS (3)

6* Die Schienen sind vollkommen rötlich gelb. 3,5 bis 5,5 mm. Überall.

- BIGUTTATUS

Omophron (Grundkäfer)

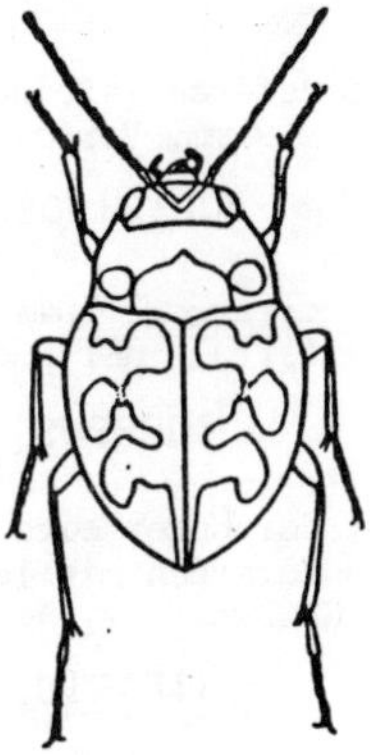

Gelb mit grünlicher Fleckung. Rundlich-ovale Gestalt. 4,5 bis 6,5 mm. An sandigen Ufern.

- LIMBATUM (3)

Blethisa (Narbenkäfer)

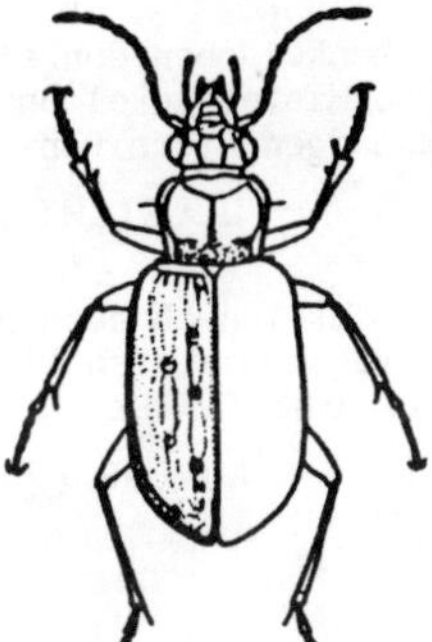

Schwarz, schwach bronceglänzend. Seitenränder und FldPunktgruben rötlich oder grünlich metallisch. 10 bis 12,5 mm. Sumpfgebiete.

- MULTIPUNCTATA

Elaphrus (Uferraschkäfer)

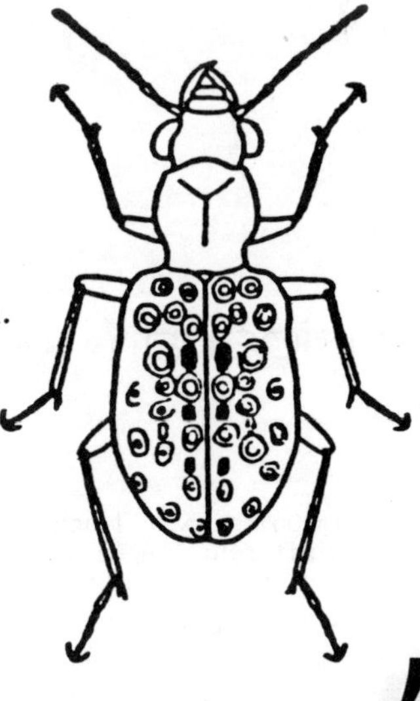

Die 5 Arten dieser Gattung kommen vor allem an sandigen Ufern vor und sind durch die vorstehenden Augen und die grubig skulpturierte Oberseite kenntlich.

1 Tarsenglieder oben leuchtend metallisch grün. Durchschnittlich kleinere Arten, 5 bis 7,5 mm. . . . 3

1* Tarsenglieder oben blau oder violett, schwächer metallisch, durchschnittlich größere Arten, 7 bis 9 mm. . . . 2

2 Broncefarben, Beine vollkommen schwarz. Kopf kaum breiter als der HSch. 7 bis 9 mm. Vor allem an stehenden Gewässern.

- ULIGINOSUS

2* Broncefarben, zumindest Schienen rötlich aufgehellt. Kopf deutlich breiter als der HSch. 7 bis 9 mm. An Gewässerufern.

- CUPREUS

3 Auf der Unterseite ist die Vorderbrust deutlich weiß behaart. Broncefarben mit leichtem grünlichen Schimmer. 5,5 bis 7 mm. Vor allem an Gewässern.

- RIPARIUS

3* Auf der Unterseite ist die Brust nicht weiß behaart. . . . 4

4 Schenkel oben dunkelmetallisch, unten bräunlich aufgehellt. HSchHinterwinkel ohne Borste. Meist größer, 6,5 bis 7,5 mm. An sandigen Ufern von Fließgewässern höherer Lagen.

- ULLRICHI (1)

4* Schenkel auch oben bräunlich aufgehellt. HSchHinterwinkel mit Borste, Durchschnittlich kleiner, 5 bis 7 mm. Im Norden Deutschlands fehlend, sonst an Gewässerufern in montanen Gebieten.

- AUREUS (2)

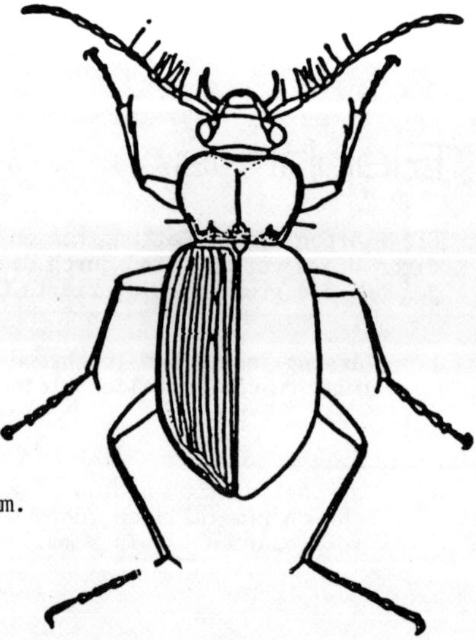

Loricera (Krummhornkäfer)

Schwarzgrünlich metallisch. Die ersten Fühlerglieder mit sehr langen Borstenhaaren. 6 bis 8 mm. Vor allem an feuchten Stellen

- PILICORNIS

Clivina (Fingerkäfer)

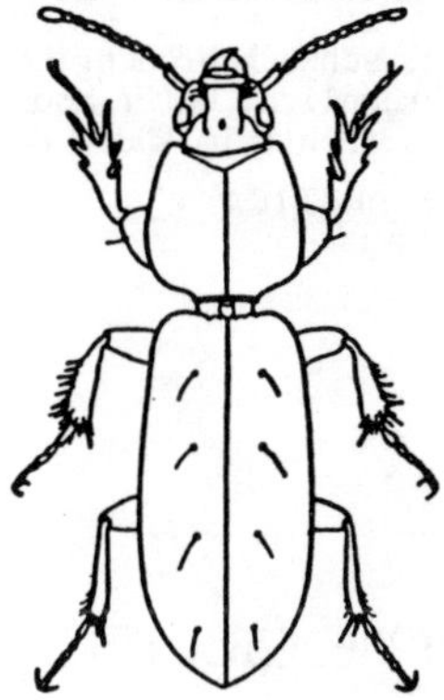

1 Ausgefärbte Exemplare deutlich zweifarbig: Halsschild schwarzbraun, Fld heller braun. Durchschnittlich kleiner, 4,5 bis 5,5 mm. Auf feuchtem Boden.

- CONTRACTA

1* Einfarbig schwarzbraun (unausgefärbte Exemplare heller). Durchschnittlich größer, 5 bis 6,5 mm.

- FOSSOR

Dyschirius (Handkäfer)

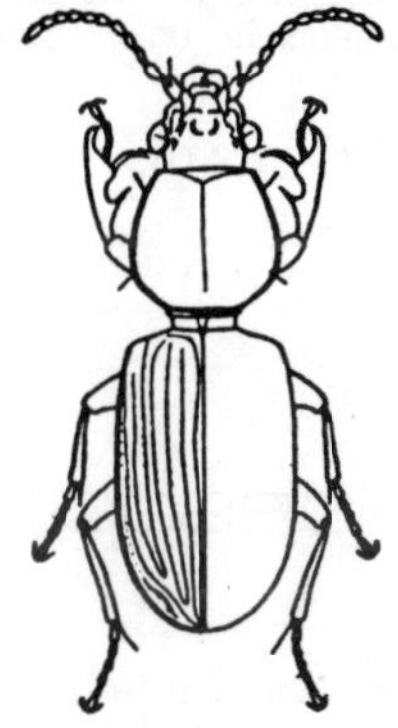

Die etwa zwanzig bei uns vorkommenden Arten dieser Gattung leben meist an besonnten und feuchten Stellen, wo sie Gänge im Boden graben und verschiedene Käfer und deren Larven jagen. Viele Arten leben an Gewässerufern oder an der Meeresküste, einige bevorzugen Lehmboden.

Infolge ihrer geringen Größe (um 4 mm) und ihrer Ähnlichkeit sind diese Arten meist nur schwer zu bestimmen. Eine vierzig- bis fünfzigfache Vergrößerung ist dazu nötig. Auf einen Artschlüssel wurde daher verzichtet.

Broscus (Kopfkäfer)

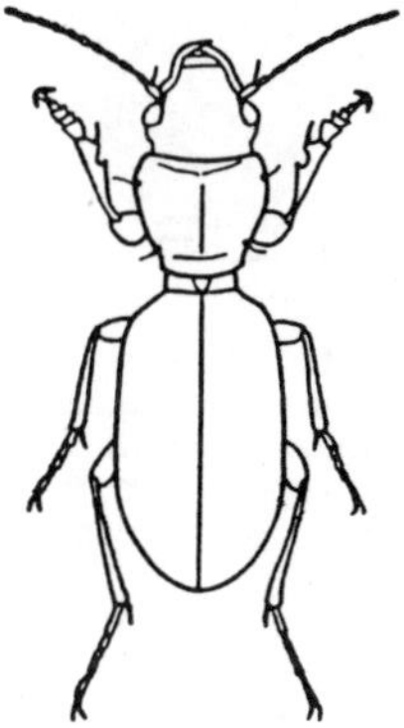

Vollkommen schwarz, Fld mit nur sehr feinen Punktstreifen. 17 bis 22 mm. Vor allem auf vegetationsarmen, stark besonnten Böden. Gräbt tiefe Gänge.

- CEPHALOTES

Miscodera

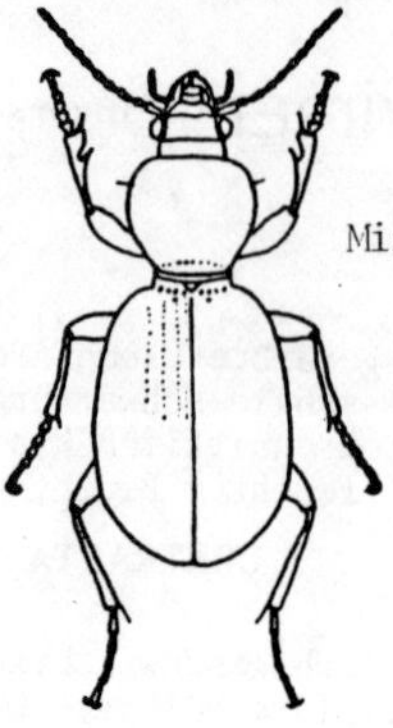
Miscodera

Schwarz, schwach bronceglänzend, Fühler und Beine bräunlich. Unter Moos auf Sandboden, auch in Dünen. Fehlt im Süden Deutschlands. 6,5 bis 8 mm.

- ARCTICA (3)

Perileptus

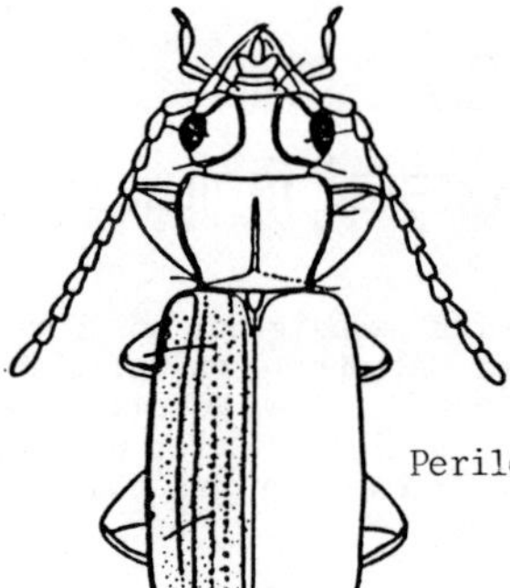
Perileptus

Dunkelbraun, Fühler und Beine aufgehellt. 2,2 bis 2,8 mm. Vor allem an Gewässerufern. Verbreitung sehr unregelmäßig, gebietsweise fehlend.

- AREOLATUS (2)

Thalassophilus

Hellbraun, Augen sehr klein. 3,4 bis 4,5 mm. Dunkelheitsliebende Art.

- LONGICORNIS (2)

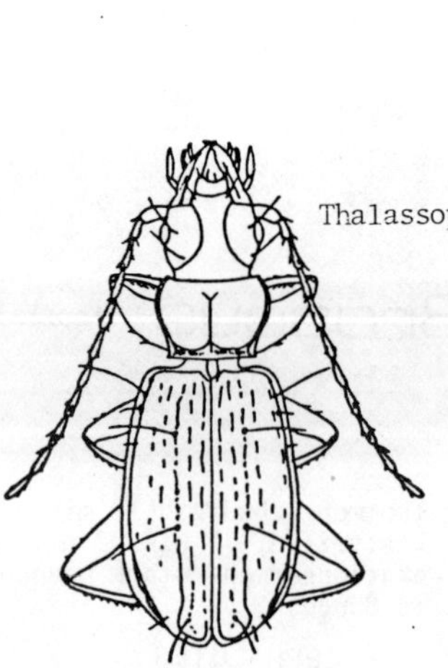
Thalassophilus

Trechus (Flinkläufer)

Etwa 16 Arten dieser Gattung sind bei uns in Deutschland vertreten, einige davon ausschließlich alpin. Man findet die Arten in unterschiedlichen Biotopen; oft in Sumpfwäldern, auf Feldern oder an Bachufern unter Steinen. 3 bis 6,5 mm.

Die Bestimmung der Arten ist schwierig und oft nur durch Genitalpräparation sicher durchzuführen. Auf eine Artentabelle wurde daher im Rahmen dieses Schlüssels verzichtet.

Lasiotrechus (ohne Abbildung)

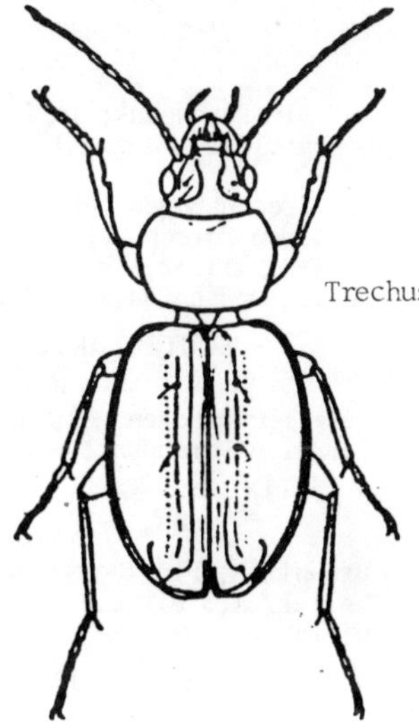
Trechus

Rotgelb, Fld mit bläulich schillernder Querbinde. 4,5 bis 5,5 mm. Vor allem auf feuchten Böden unter Steinen.

- DISCUS

Trechoblemus (ohne Abbildung)

Bräunlichgelb, Fld mit unscharfem dunklem Fleck. 4 bis 5 mm. Meist in Gewässernähe.

- MICROS

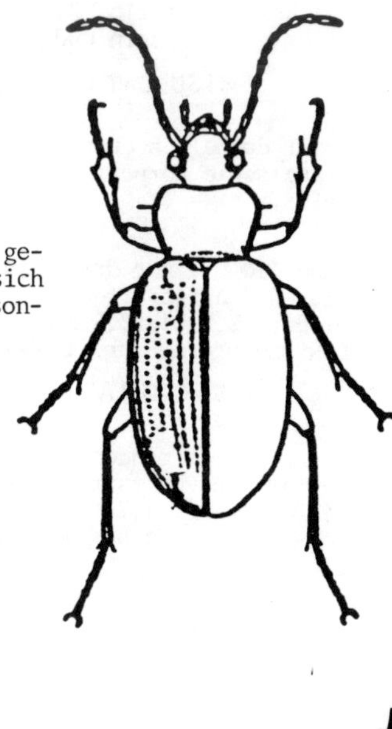

Tachys

7 Arten dieser Gattung sind bei und heimisch, sie gehören zu unseren kleinsten Laufkäfern und finden sich vor allem an lehmigen und feuchten Stellen, insbesondere an Gewässern.

1 Fld dunkel, mit zwei bis vier deutlichen, hellen Flecken (46.1). Beine und Fühler teilweise aufgehellt. An fließenden Gewässern, fehlt im Norden. 2,3 bis 2,7 mm.

- QUADRISIGNATUS

1* Anders. . . . 2

2 Zwei Porenpunkte im Trechusbogenfeld (46.3). . . . 3

2* Nur ein Porenpunkt im Trechusbogenfeld (46.2). . . . 5

1

3 Der Trechusbogen geht weit über den vorderen Porenpunkt nach vorn (46.3). 2,3 bis 2,6 mm. An den Meeresküsten und an Salzstellen.

- SCUTELLARIS (0)

3* Der Trechusbogen geht nur kurz über den vorderen Porenpunkt nach vorn (46.4). . . . 4

4 Bräunlich, Fld längs der Naht deutlich heller. 1,3 bis 2,5 mm. Meist an Gewässerufern.

- BISTRIATUS (3)

4* Fld einfarbig braungelb, längs der Naht nicht deutlich heller. 1,9 bis 2,4 mm. Vor allem an feuchten, lehmigen oder sandigen Stellen.

- MICROS (2)

5 Vollkommen rotgelb. 2,7 bis 3 mm. Vor allem an Gewässern und Feuchtstellen.

- BISULCATUS

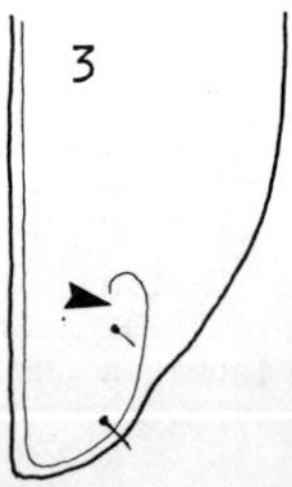

5* Käfer dunkel, höchstens Fühler und Beine sowie Körperränder aufgehellt. . . . 6

6 Jede Fld mit nur drei deutlichen und tiefen Punktstreifen. Durchschnittlich größer, 2,2 bis 2,7 mm. Vereinzelt an Gewässerufern, nur im Süden Deutschlands.

- SEXSTRIATUS (2)

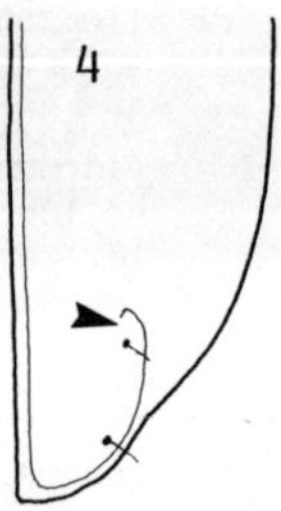

6* Jede Fld mit mindestens vier deutlich vertieften Punktstreifen. Durchschnittlich kleiner, 1,7 bis 2,2 mm. An Gewässerufern und auf lehmigem Boden.

- PARVULUS

Tachyta

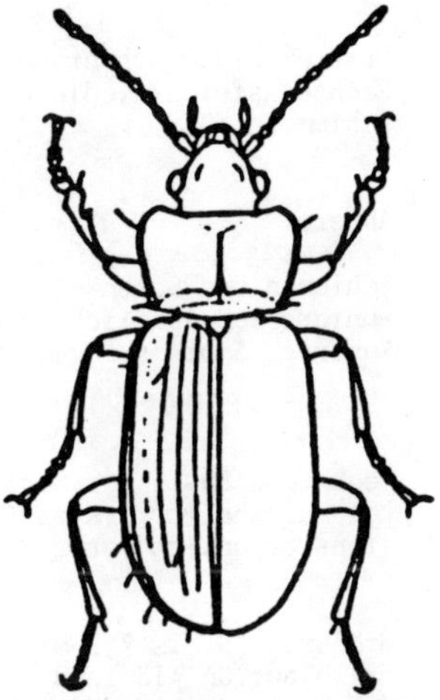

Schwarz, 2,6 bis 3,1 mm. Unter Rinde, fehlt in der Norddeutschen Tiefebene.

- NANA

Bembidion (Ahlenläufer)

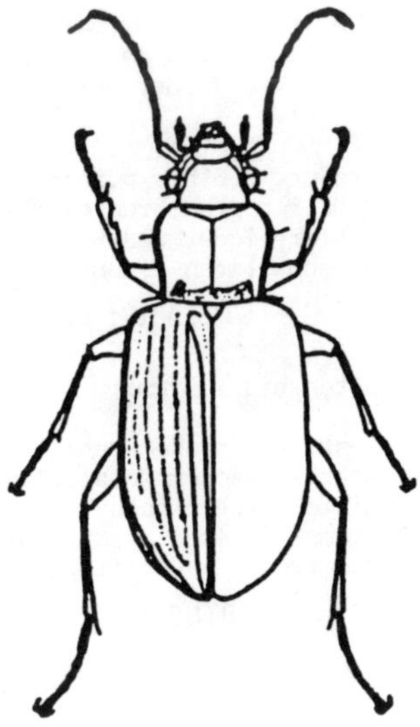

Mit über einhundert mitteleuropäischen Arten ist die Gattung Bembidion die umfangreichste innerhalb der Laufkäfer.
Die Größe der Bembidien liegt etwa zwischen 2 und 9 mm und die Bestimmung ist im allgemeinen schwierig. Ein Binokular mit ca. 50-facher Vergrößerung ist unbedingt erforderlich.

Arten die ausschließlich im Alpen- und Voralpengebiet vorkommen, wurden in diesem Schlüssel ausgeklammert. Er hat also südlich der Donau nur noch bedingt Gültigkeit.

Wichtig: Die Zählung der FldStreifen erfolgt von innen nach außen, der verkürzte Streif innen wird nicht mitgezählt.

1 Dritter FldZwischenraum mit zwei matten Rechtecksfeldern, die oft silbrig schimmern (48.1). . . . 2

1* Anders. . . . 4

2 Schienen und Schenkel sowie das erste Fühlerglied deutlich gelblich aufgehellt. Kupfrig, 5 bis 6,5 mm. An Flußufern.

- VELOX (2)

2* Höchstens Basis der Schienen und Schenkel aufgehellt. Erstes Fühlerglied höchstens bräunlich rot. . . . 3

3 Größer, 6,5 bis 7,5 mm. Kupfrig, manchmal blaugrün glänzend. Fehlt in Süddeutschland.

- ARGENTEOLUM (2)

3* Kleiner, 5 bis 6,2 mm. Meist dunkel kupfrig. Entlang der großen Flüsse.

- LITORALE (3)

4 FldRandleiste an der Basis mit deutlichem Knick (48.2). . . . 5

4* FldRandleiste zur Basis ohne deutlichen Knick, gebogen nach vorne verlaufend (48.3) oder verschwindend. . . . 10

5 Größer, 5,3 bis 6,5 mm. Meist grünlich grau broncefarben. Erste Fühlerglieder und Beinenden aufgehellt. An schattigen Flußufern.

- STRIATUM (2)

5* Arten bis 4,5 mm. . . . 6

6 Dunkelbraun oder schwarz, höchstens mit sehr schwachem Metallglanz. HSch nach hinten nicht konkav, Hinterwinkel recht stumpf (48.4). Bevorzugt offene und trockene Gebiete. 2,8 bis 3,6 mm.

- OBTUSUM

6* Oberseite meist deutlich metallisch. HSch nach hinten konkav, Hinterwinkel rechtwinklig (48.5). . . . 7

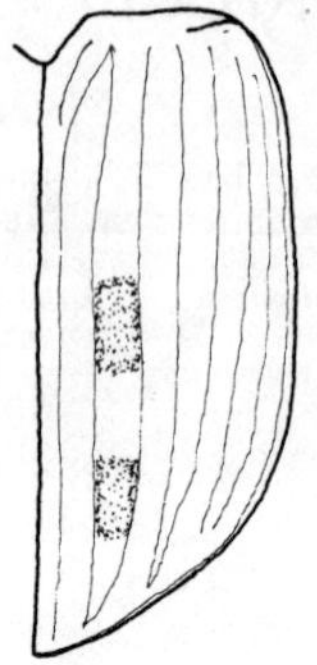
1

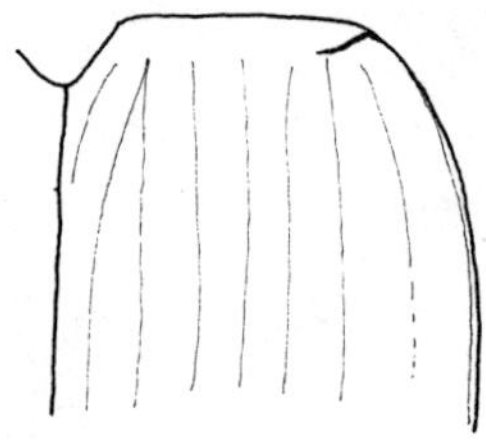
2

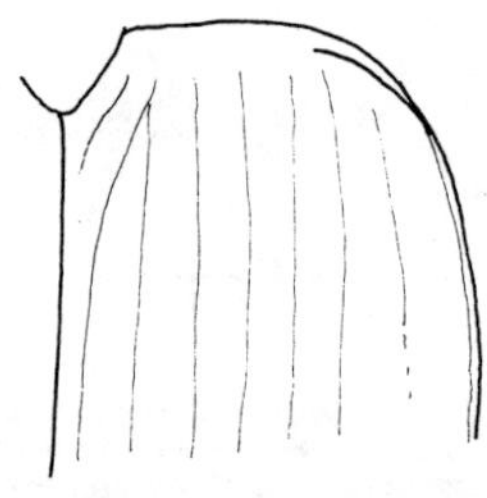
3

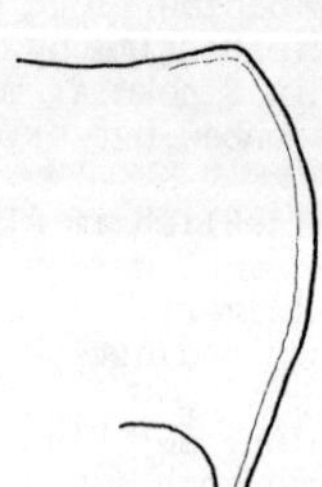
4

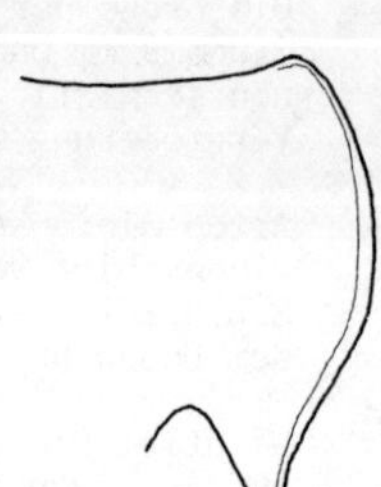
5

7 Vorderer Augenborstenpunkt nach hinten in eine deutliche Furche verlängert, daher drei deutliche Längsfurchen neben dem hinteren Augenrand (49.1). Schwarz, 3 bis 4 mm. Fehlt in Süddeutschland.

- NIGRICORNE

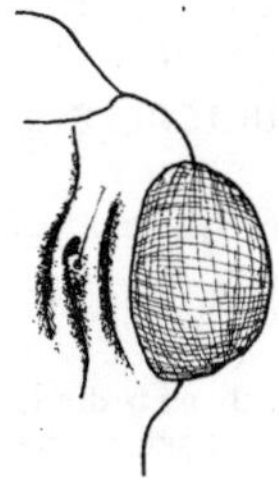

1

7* Höchstens zwei deutliche Furchen neben dem hinteren Augenrand.

. . . 8

8 Fld bei 50-facher Vergrößerung deutlich quermaschig genetzt, weniger stark glänzend. Schwärzlich, manchmal mit bläulichem Schimmer oder hellem FldFleck. 3,5 bis 4 mm. Vor allem montan an Flußufern.

- PYGMAEUM

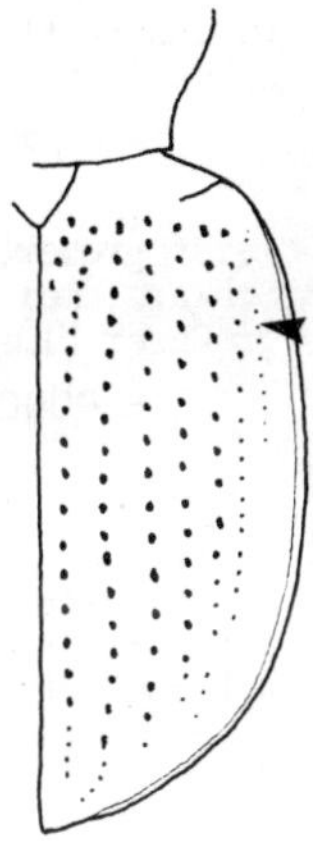

2

8* Fld bei 50-facher Vergrößerung ohne erkennbare Mikroskulptur, stärker glänzend.

. . . 9

9 Siebte FldReihe fehlend oder nur sehr schwach ausgebildet, nach hinten bald verschwindend (49.2). Schwarz metallisch, Beine meist heller. 3 bis 4 mm. Überall.

- LAMPROS

9* Siebte FldReihe vorne so deutlich wie die sechste, auch hinter der Fld-Mitte noch vorhanden. Schwarz metallisch, die Beine meist heller. 3 bis 4 mm. Überall, vor allem auf Lehmboden.

- PROPERANS

10 Kopf mit gröberer Punktur, dadurch Stirnfurchen recht flach oder undeutlich, auch die Falten punktiert. Arten unter 5,5 mm.

. . . 11

10* Kopf meist glatt. Wenn teilweise deutlich punktiert, dann doch Stirnfalten unpunktiert und die Furchen deutlich oder Punktur auf die Kopfseiten beschränkt oder Arten über 5,5 mm.

. . . 15

11 Sehr kleine Art, 2 bis 2,6 mm. Metallisch blau, Fld am Ende mit unscharfem, rötlichem Fleck. Beine und teilweise Fühler aufgehellt. Nur an Binnenlandsalzstellen.

- ASPERICOLLE (2)

11* Arten über 3 mm.

. . . 12

12 Kleinere Art, 3,2 bis 3,5. Gelblich, Kopf, HSch und FldFurchen dunkler. Nordöstliche Art.

- RUFICOLLE

12* Arten über 3,5 mm. . . . 13

13 Fld einfarbig dunkel metallisch. . . . 14

13* Fld gelblich mit dunklerer Querbinde, Kopf und HSch dunkel. 4,1 bis 4,7 mm. Nord- und Ostseeküste.

- PALLIDIPENNE

14 Durchschnittlich kleiner, 3,6 bis 4,7 mm. Beine und Fühler dunkel. Schwarz, meist kupfrig metallisch.

- BIPUNCTATUM

14* Meist größer, 4,5 bis 5,5 mm. Beine und Fühler rötlichbraun. Schwarz, meist bronceglänzend. Vor allem vegetationslosen Ufern größerer Flüsse.

- PUNCTULATUM (3)

15 Hinter der FldMitte liegen ein bis zwei Porenpunkte im dritten FldIntervall; vor der Mitte keiner. Fld hinten neben der achten FldFurche mit scharfem Kiel (50.1).

. . . 16

15* Einer der beiden Porenpunkte im dritten FldZwischenraum liegt vor der Mitte (50.2). Fld hinten ohne solchen scharfen Kiel, höchstens mit gerundeter Falte.

. . . 17

1

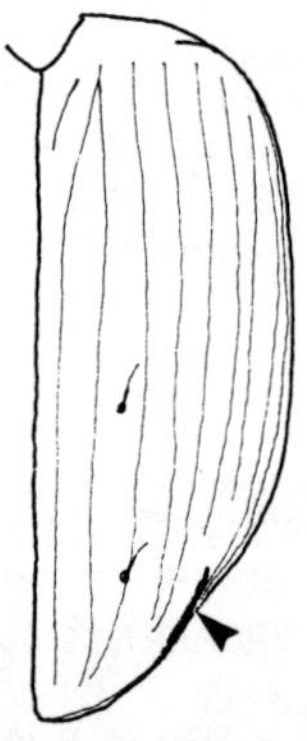

2

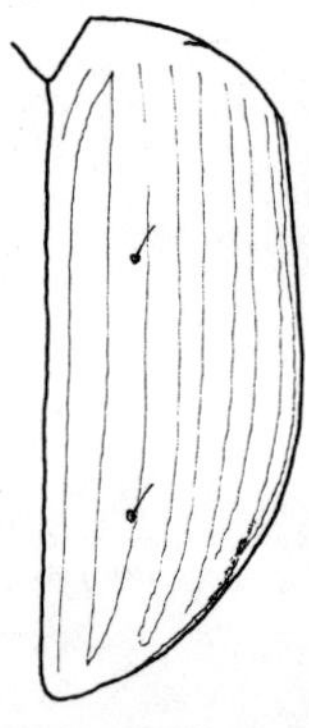

16 Dritter FldZwischenraum hinten mit zwei Porenpunkten. HSchHinterwinkel verrundet und stumpfwinklig. Bräunlich, Fühler und Beine gelblich. 3,8 bis 4,8 mm. Vor allem an Häusern und in Gärten.

- QUINQUESTRIATUM

3

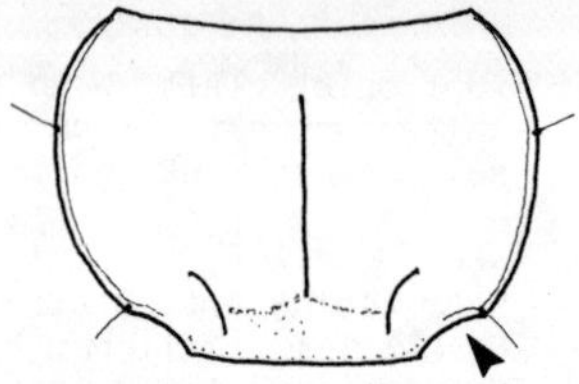

16* Dritter FldZwischenraum hinten mit einem Porenpunkt. HSchHinterwinkel scharf und fast rechtwinklig. Braun, HSch, Kopf, Fühler und Beine heller. 4,2 bis 5,2 mm. Vor allem in Auwäldern unter Rinde.

- HARPALOIDES (3)

17 HSchSeiten bis zur hinteren Randborste konvex, dahinter Basis abgeschrägt vorgezogen (50.3).

. . . 18

17* HSch nach hinten deutlich gerade oder konkav verengt (51.1 51.2), Hinterwinkel meist eckig. . . . 23

18 Der siebte FldStreif ist deutlich erkennbar und zumindest vorne nur wenig schwächer als der sechste. Schwarz, meist bläulich schillernd. Fld hinten aufgehellt und mit schrägem, rötlich gelbem Fleck. 3,5 bis 4,5 mm.

- BIGUTTATUM

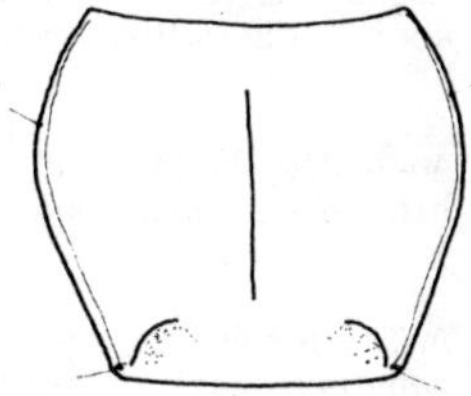

1

18* Der siebte FldStreif fehlt oder ist nur sehr schwach angedeutet. . . . 19

19 Meist größer, 3,1 bis 5,5 mm. HSchBasis hinten stark bogenförmig ausgeschnitten (51.3). . . . 20

19* Meist kleiner, 2,8 bis 3,5 mm. HSchBasis hinten sehr flach ausgeschnitten (51.4). . . . 22

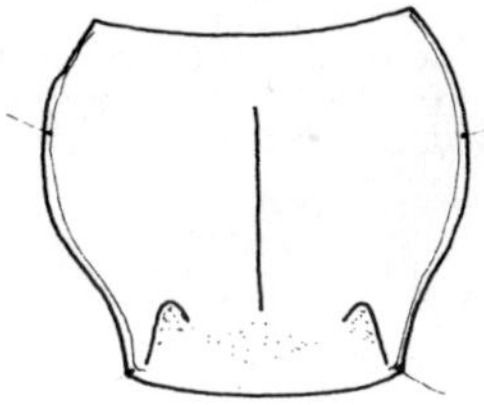

2

20 Beine vollkommen schwarzbraun. Schwarz, nur selten mit hellem Endfleck. 3,4 bis 4,5 mm. Nord- und Ostseeküste.

- AENAEUM (3)

20* Beine gelbbraun. Fld mit hellem Endfleck. . . . 21

3

21 Größer, 4,5 bis 5,5 mm. Nordseeküste.

- IRICOLOR

21* Kleiner, 3,1 bis 4,1 mm. Vor allem an feuchten Lehmstellen, auch an Salzstellen.

- LUNULATUM

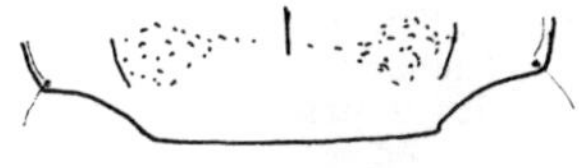

4

22 Fld blauschwarz metallisch, meist bräunlich aufgehellt. FldEnde mit deutlichem, hellem Fleck. Beine heller gelb. 2,8 bis 3,5 mm. Vor allem an Gewässern und an Feuchtstellen.

- GUTTULA

22* Fld schwarz, zur Spitze oft aufgehellt aber nie mit deutlichem Endfleck. Beine gelbrot. 2,8 bis 3,4 mm. Vor allem in Laubwäldern an Feuchtstellen.

- UNICOLOR

23 Zumindest der dritte und vierte Fld-Streifen nach hintenfast erloschen, höchstens noch sehr fein erkennbar, aber nicht mehr furchig. . . . 38

23* Auch der dritte und vierte FldStreifen hinten deutlich und furchig. . . . 24

24 Außer am Anfang ist der siebte FldStreifen genauso stark gefurcht oder punktiert wie der sechste (52.1). . . . 25

24* Der siebte FldStreifen zumindest im zweiten Drittel spärlicher punktiert oder weniger stark gefurcht als der sechste (52.2), manchmal fast erloschen. . . . 27

25 Fld leicht unregelmäßig gescheckt (52.3), oder mit meist unterbrochenen Querbinden (52.4). . . . 31

25* Fld einfarbig schwarz oder bräunlich (meist mit Metallglanz), oder mit dunkler Kreuzzeichnung (52.5). . . . 26

26 FldFurchen undeutlich punktiert. Schwarz, meist grünlich metallisch. 4,2 bis 5,5 mm. Vor allem montan an schlammigen Ufern.

- PRASINUM (3)

26* FldFurchen deutlich punktiert. . . . 60

27 FldFurchen auch vorn undeutlich punktiert
Siehe
26: - prasinum

27* FldFurchen zumindest vorn deutlich und scharf punktiert. . . . 28

28 Kopf und HSch dunkel. Fld gelbbraun mit leicht dunkleren Punktreihen und dunklem, unscharfem Fleck. Beine gelb. 2,5 bis 3,5 mm. Nordseeküste.

- EPIHIPPUM

28* Anders. . . . 29

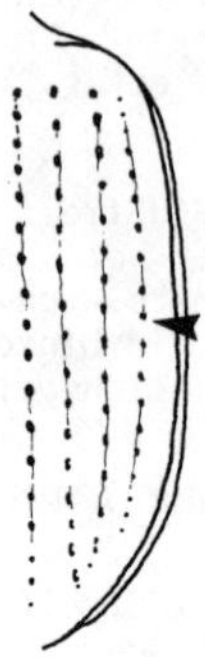
1

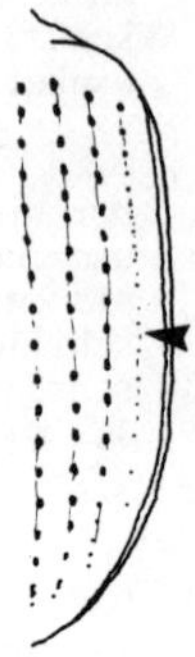
2

3

4

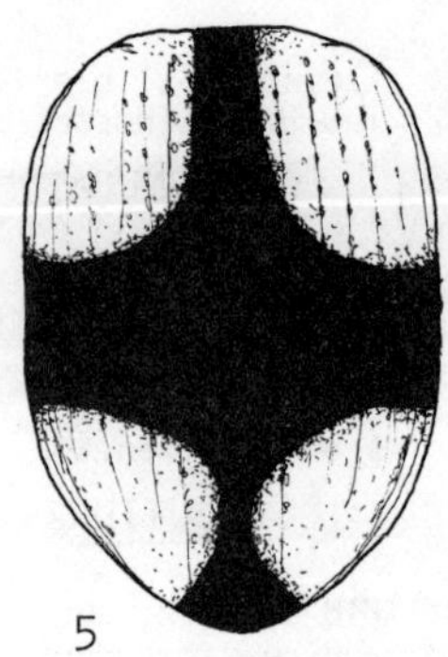
5

29 Fld unregelmäßig gescheckt (53.3) oder mit meist unterbrochenen Querbinden (53.4). . . . 30

29* Fld anders. . . . 33

30 Durchschnittlich größer, 5 bis 6 mm. Beine gelblich. Vor allem an lehmigen und sumpfigen Stellen.

- DENTELLUM

30* Durchschnittlich kleiner, 3 bis 5,1 mm. Wenn über 4,9 mm, dann Beine dunkler bräunlich. . . . 31

31 Fühler frühestens vom dritten Glied an angedunkelt. Der abgesetzte HSch-Seitenrand ist vorne nur sehr fein. Beine meist aufgehellt. 3 bis 4,4 mm. An Gewässerufern.

- SEMIPUNCTATUM

31* Fühler vom zweiten Glied an zumindest oben angedunkelt. Der abgesetzte HSchSeitenrand vorne nicht extrem verschmälert. . . . 32

32 Durchschnittlich größer, 4,1 bis 5,1 mm. Oberseite heller braun. Vor allem an lehmigen Gewässerufern.

- VARIUM

32* Durchschnittlich kleiner, 3 bis 4,4 mm. Oberseite meist schwarzbraun. Vor allem an Gewässerufern.

- OBLIQUUM

33 Beine ganz rotbraun oder gelb, oder auch der siebte FldStreifen deutlich (allerdings schwächer als der sechste) und Punkte der FldStreifen groß und deutlich. Fühler zumindest mit ein bis drei hellen Basalgliedern. . . . 58

33* Beine nie ganz rotbraun oder gelb, meist umfangreich geschwärzt. Der siebte Fld-Streifen meist kaum erkennbar und die Punkte der FldStreifen feiner, leicht unscharf. Fühler zumindest vom zweiten Glied an geschwärzt. . . . 34

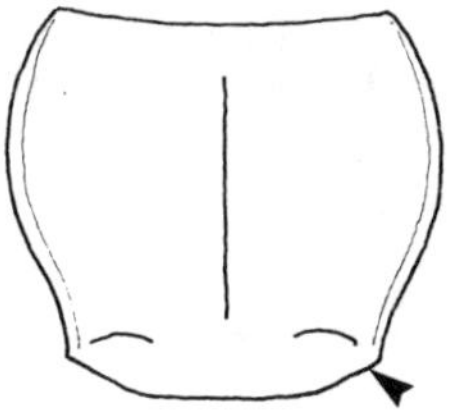

1

34 HSchHinterrand zu den Hinterecken deutlich schräg vorgezogen, Seiten und Hinterrand bilden einen deutlich stumpfen Winkel (53.1). . . . 35

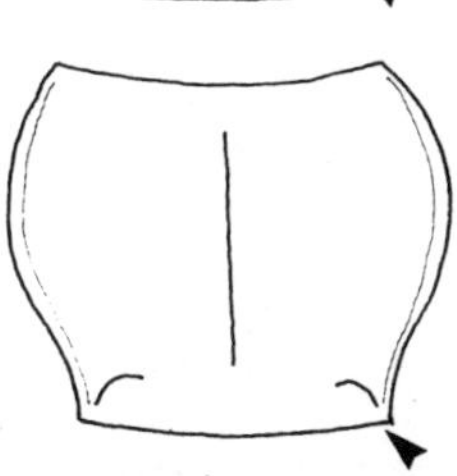

2

34* HSchHinterrand nicht deutlich zu den Hinterecken nach vorn gezogen. Seiten und Hinterrand bilden einen rechten oder leicht stumpfen Winkel (53.2). . . . 36

35 Durchschnittlich größer, 5,5 bis 6,5 mm. Nur selten metallisch. FldReihenpunktur hinten meist nicht mehr erkennbar. Vor allem montan, meist an Gewässerufern. Fehlt in Norddeutschland.

- TIBIALE

35* Durchschnittlich kleiner, 4,5 bis 6 mm. Meist deutlich metallisch. FldReihenpunktur auch hinten meist noch erkennbar. Montan in Süd- und Mitteldeutschland.

- GENICULATUM

36 Sehr kleine Art, 4 bis 5 mm. Fld schwarz, metallisch. Vor allem montan.

- ATROCOERULEUM (3)

36* Größere Arten, 5,5 bis 7,8 mm. . . . 37

37 Durchschnittlich kleiner, 5,5 bis 6,5 mm. HSch stark metallisch blaugrün, Fld meist umfangreich bräunlich aufgehellt. Montan in den süddeutschen Mittelgebirgen an Schotterufern.

- FASCIOLATUM

37* Durchschnittlich größer, 6,5 bis 7,8 mm. Fld meist nur schwach bräunlich aufgehellt. Vor allem montan an Schotterufern.

- ASCENDENS

38 (von 23) HSchHinterecken zähnchenartig, der HSch dahinter noch schräg zur Basis abgestutzt (54.1). . . . 39

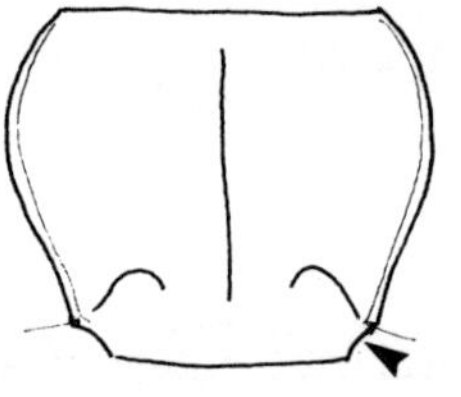

1

38* HSch hinter den Hinterecken nicht mehr so abgestutzt. . . . 41

39 Fld mit zwei hellen Flecken, selten fehlt der hintere, dann aber Fühler mit vier hellen Basalgliedern. . . . 40

39* Fld mit nur je einem Fleck vorne. Fühler ganz dunkel. Beine zum Ende hin heller. 2,5 bis 3 mm. Auf Moorboden.

- HUMERALE (3)

40 Fühler ganz dunkel. Beine zum Ende hin heller. 3 bis 4 mm. Auf Schlammboden.

- QUADRIPUSTULATUM

40* Fühler mit vier hellen Basalgliedern. Beine gelblich. 2,8 bis 3,5 mm. Überall, vor allem auf Sand- und Lehmböden.

- QUADRIMACULATUM

41 Kopfschild nicht abgesetzt. Innere Stirnfurchen fast gerade und tief nach vorn zur Oberlippe zusammenlaufend (55.1).

. . . 42

41* Innere Stirnfurchen nach vorn oft unregelmäßig oder erloschen. Wenn deutlich und konvergierend (zusammenlaufend), dann Kopfschild immer deutlich durch Quernaht abgesetzt (55.2).

. . . 44

42 Fld schwarz, hinten meist aufgehellt und mit Endfleck. Beine und erstes Fühlerglied bräunlich aufgehellt. 3,1 bis 3,6 mm.

- DORIS

42* Fld bräunlich mit hellen Flecken. Beine vollständig gelb. . . . 43

43 Kleiner, 2,5 bis 2,9 mm. HSch deutlich breiter als lang. An Gewässerufern.

- OCTOMACULATUM

43* Größer, 3 bis 3,9 mm. HSch kaum breiter als lang. Vor allem auf feuchtem Lehmboden.

- ARTICULATUM

44 Stirnfurchen auf dem abgesetzten Kopfschild deutlich und konvergierend (55.2).

. . . 45

44* Stirnfurchen auf dem Kopfschild meist undeutlich, selten konvergierend (55.3).

. . . 49

45 Fld mit zumindest je einem Endfleck, der nur sehr selten fehlt. Fld hinten oft aufgehellt. Kopfschild vorne mit je zwei deutlichen Furchen (55.4).

. . . 46

45* Fld immer ohne deutliche helle Flecken, höchstens zum Ende hin schwach aufgehellt. Kopfschild vorne nur mit je einer deutlichen Furche (55.2).

. . . 48

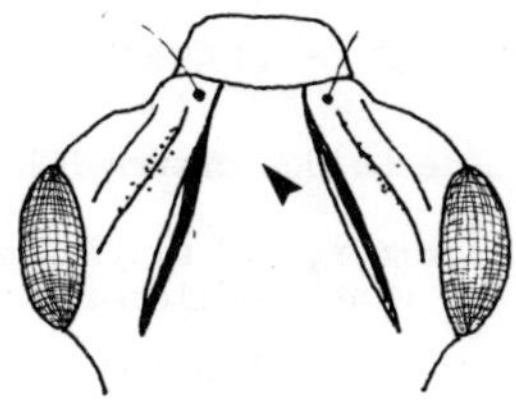
1

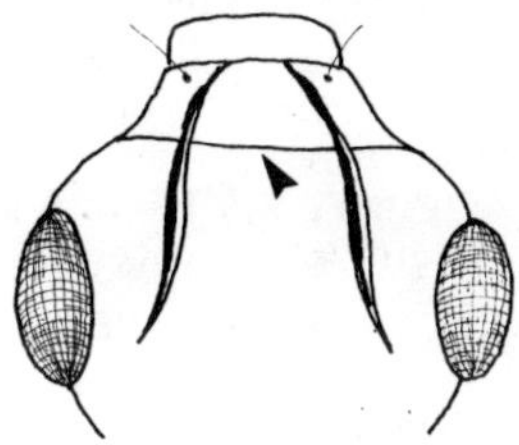
2

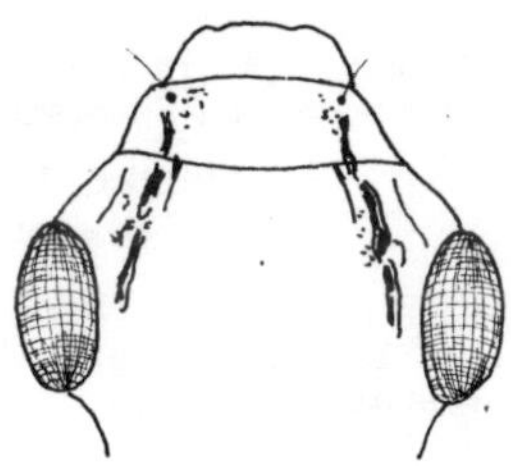
3

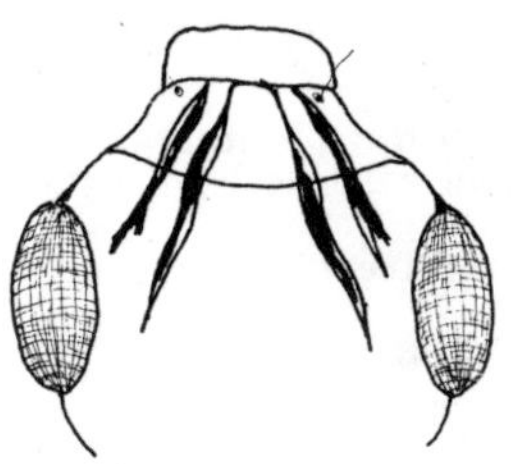
4

46 Bereits das zweite Fühlerglied geschwärzt. Fld oft ohne deutlichen Endfleck. 3 bis 3,5 mm. Atlantische Art, bei uns fraglich.

- CLARKI

46* Die beiden ersten Fühlerglieder hell. . . . 47

47 Kleiner, 2,8 bis 3,5 mm. HSchHinterwinkel recht stumpf. Fld mit meist nur je einem Endfleck, dieser selten bindenförmig.

- ASSIMILE

47* Größer, 3,5 bis 4,1 mm. HSchHinterwinkel scharf. Fld mit hellen Flecken, auch der Seitenrand meist hell. Vor allem an der Nordseeküste und an Binnenlandsalzstellen.

- FUMIGATUM (3)

48 Kleiner, 2,5 bis 2,8 mm. Schwarz, ohne Metallglanz. Beine braungelb. Bevorzugt feuchte Stellen.

- GILVIPES

48* Ebenfalls kleiner, 2,5 bis 2,9 mm. Schwarz mit blauem Metallglanz, oft mit rötlichem Endfleck.
Siehe
52: - azurescens

48** Größer, 2,8 bis 3,3 mm. Schwarz mit blauem Metallglanz. Beine braunrot. An schattigen Sumpfstellen und Ufern.

- SCHÜPPELI

49 HSch nach hinten fast gerade verengt, die leicht vortretenden Hinterecken abgestumpft (56.3). Fld mit je zwei deutlichen hellen Flecken. Basis des dritten und vierten Fühlergliedes sowie das erste Glied deutlich aufgehellt. 4 bis 5 mm. Vor allem auf Lehmboden.

- ILLIGERI

3 

 2

49* HSch nach hinten konkav, die Hinterecken scharf (56.2). . . . 50

50 Kleinere Arten, bis 3,4 mm. . . . 51

50* Größere Arten, ab 3,5 mm. . . . 54

51 Durchschnittlich größer, 2,5 bis 3,4 mm. HSch nach vorn wenig verengt (56.1). Dunkelbraun, meist mit FldEndfleck. Beine heller, Kopf und Halsschild dunkler. Nord- und Ostseeküste.

- NORMANNUM (4)

 1

51* Durchschnittlich kleiner, 2,5 bis 3 mm. HSch nach vorn stärker verengt (57.1). . . . 52

1

52 Stirnfurchen geradlinig nach vorn zusammenlaufend. Schwarz, meist mit Metallglanz. Beine braun. Fld oft mit rundlichem Endfleck. 2,5 bis 2,9 mm. Montan.

- AZURESCENS

52* Stirnfurchen entweder mit Knick an der Kopfschildquernaht oder nicht auf den Kopfschild verlängert. . . . 53

53 Schwärzlich, FldEnden und -Naht manchmal aufgehellt. Beine dunkelbraun. 2,5 bis 2,9 mm. Salzliebende Art, an der Nord- und Ostseeküste sowie an Binnenlandsalzstellen.

- MINIMUM

53* Fld dunkelbraun, teilweise aufgehellt und mit meist je ein bis zwei Flecken. Kopf und HSch dunkler. Vor allem an Salzstellen. 2,2 bis 3 mm.

- TENELLUM (3)

54 HSchBasis sehr stark und umfangreich punktiert. HSch stark gewölbt, Basalgruben schmal (57.2). . . . 55

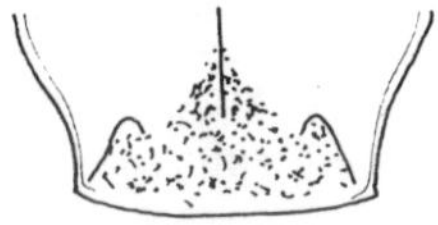
2

54* HSchBasis meist weniger stark und deutlich punktiert. HSch zumindest hinten stärker abgeflacht, Basalgruben breit (57.3). . . . 58

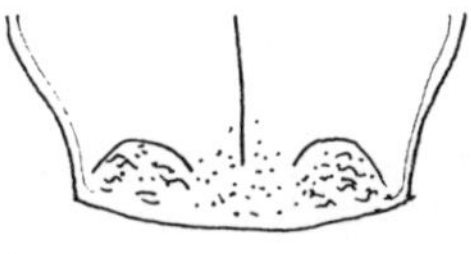
3

55 Kleinere Arten, 3,5 bis 4,5 mm. . . . 56

55* Größere Arten, 5 bis 6 mm. . . . 57

56 Fld meist mit bräunlich gelben, seitlichem Endfleck. Fühler zumindest ab dem dritten Glied angedunkelt. 3,5 bis 4,5 mm. Vor allem an schattigen Ufern, fehlt im Norden Deutschlands.

- ELONGATUM (3)

56* Fld zum Ende hin höchstens aufgehellt, immer ohne deutlichen Endfleck. Fühler höchstens vom vierten Glied an leicht dunkler. 3,5 bis 4,5 mm. Uferart. Montan in Süddeutschland, isoliertes Vorkommen am Unteren Main.

- DECORATUM (3)

57 Fld zumindest hinten deutlich genetzt (50-fache Vergrößerung). HSch nach hinten lang konkav verengt, dadurch recht schmal. 5 bis 6 mm. Vor allem montan, an schattigen Bachufern.

- STOMOIDES (3)

57* Fld auch hinten ohne erkennbare Mikroskulptur. HSch nach hinten kurz konkav verengt, dadurch breiter. 5,5 bis 6 mm. Montan, vor allem an Bachufern mit Schotter.

- MILLERIANUM (3)

58 HSchFurche hinten verbreitert und vertieft (58.1). . . . 59

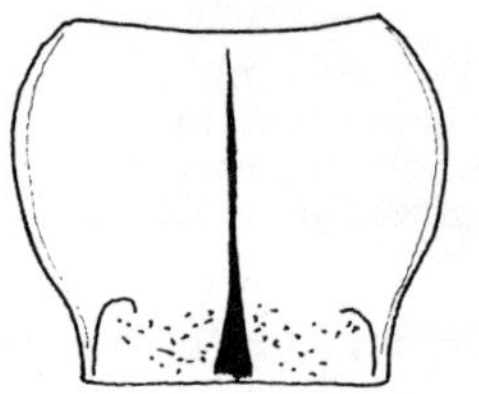

1

58* HSchFurche hinten nicht verbreitert, oft fast erloschen (58.2). . . . 60

59 Die beiden ersten Fühlerglieder meist heller als die folgenden. Fld oval mit breitem Seitenrand. Braun, manchmal mit Blauschimmer. 5,5 bis 6,4 mm. An Bachufern, bei uns im Schwarzwald und den Alpen.

- DODEROI (3)

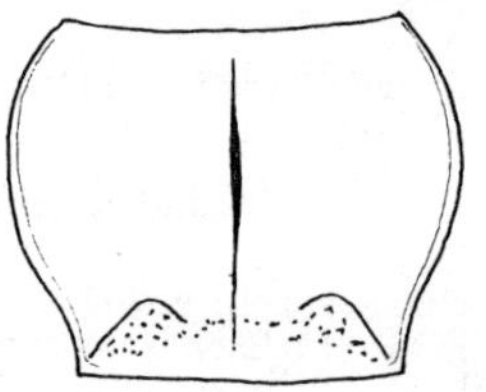

2

59* Fühler einheitlich hell. Fld weniger oval, mit schmalem Seitenrand. Braun, nie mit Blauschimmer. 5,4 bis 6,2 mm. An schlammigen Ufern unter faulenden Pflanzenteilen, vielfach auch in Kellern.

- INUSTUM (3)

60 (von 26*, 33, 58*)
Fld einfarbig dunkel metallisch, manchmal leicht bräunlich aufgehellt. . . . 61

60* Fld mit deutlichen Flecken oder Binden, oft mit dunkler Kreuzzeichnung. . . . 65

61 HSch bei 50-facher Vergrößerung deutlich quermaschig genetzt, weniger stark glänzend. . . . 62

61* HSch bei 50-facher Vergrößerung ohne deutliche Mikroskulptur, stark glänzend. . . . 63

62 Kleiner, 4,5 bis 5,5 mm. Kopf in der Nähe des Augenhinterrandes ohne vereinzelte deutliche Punkte. An Flußufern, vielfach montan.

- MONTICOLA (3)

62* Größer, 5,5 bis 6 mm. Kopf nahe des Augenhinterrandes mit vereinzelten deutlichen Punkten. An Flußufern, bevorzugt Schotter. Vor allem montan.

- DECORUM

63 Größere Art, 5 bis 6,5 mm. Die ersten drei Fühlerglieder vollkommen hell. Vor allem an lehmigen und feuchten Böschungen.

- STEPHENSI

63* Meist kleiner, 4 bis 5,3 mm. Wenn über 4,5 mm, dann Fühler bereits ab dem dritten Glied angedunkelt.
. . . 64

64 Durchschnittlich größer, 4 bis 5,3 mm. Fühler vom dritten Glied an angedunkelt, auch Schenkel meist teilweise angedunkelt. Fld schwarz, grün oder blau metallisch. Vor allem an lehmigen und vegetationsarmen Hängen.

- NITIDULUM

64* Durchschnittlich kleiner, 4 bis 4,5 mm. Fühler frühestens vom vierten Glied an angedunkelt. Beine vollständig hell. Fld dunkel metallisch, hinten meist bräunlich aufgehellt. Vor allem an lehmigen Böschungen.

- MILLERI

65 Fld dunkel, im hinteren Teil mit einem - oft verwaschenen - deutlich querem, rötlichem Fleck (59.1). 4 bis 5 mm. Vor allem an schattigen Ufern.

- MODESTUM (3)

65* Fld anders, wenn ähnlich, dann Art über 5 mm. . . . 66

66 Am FldEnde sind der zweite bis vierte FldStreif nicht mehr erkennbar. Blaugrün metallisch, Fld mit je einer gelblichen Längsbinde. 5 bis 5,5 mm. Nordsee und Elbe bei Hamburg.

- MARITIMUM

66* Zumindest der zweite FldStreif am Ende noch erkennbar. . . . 67

67 HSch so breit wie lang (59.2), Kopf etwa so breit wie dieser. Dunkel, meist metallisch blau. Fld mit je zwei rötlich gelben Flecken. 5,5 bis 6 mm. Vor allem an lehmigen Ufern.

- FLUVIATILE (3)

67* HSch breiter (59.3), Kopf schmaler als der HSch. . . . 68

1

2

3

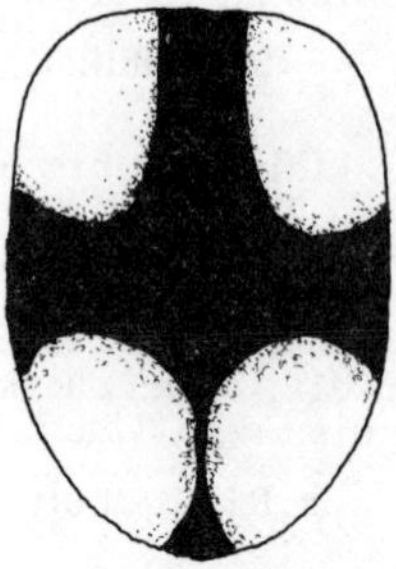

1

2

68 Kopf in den Furchen und dahinter mit vereinzelten kräftigen Punkten. Fld schwarzbraun mit je zwei hellen Flecken, der vordere größer und meist unscharf begrenzt. 4 bis 5 mm. Nur stellenweise, scheint an Kalk gebunden.

- SAXATILE (2)

68* Kopf ohne diese Punkte. . . . 69

69 Fld mit je zwei hellen Flecken und damit insgesamt dunkler Kreuzzeichnung (60.1). . . . 71

69* Fld anders. . . . 70

70 Fld dunkel mit je einem großen, schräggestelltem Endfleck (60.2). 5,5 bis 6,5 mm. Vor allem an vegetationsreichen Gewässern auf feinkörnigem Boden.

- LUNATUM

70* Fld heller rotbraun mit dunkleren Rändern, hinten oft aufgehellt. 4,5 bis 5,5 mm. Vor allem montan.

- TESTACEUM

71 Der siebte FldStreifen (abgesehen vom Anfang) so stark punktiert wie der sechste. . . . 72

71* Der siebte FldStreifen meist undeutlich, zumindest aber feiner und spärlicher punktier als der sechste. . . . 73

72 Schenkel vollkommen dunkel. Fühler ab dem zweiten Glied angedunkelt. Durchschnittlich kleiner, 4 bis 5,2 mm. Vor allem auf schlammigem Boden.

- BRUXELLENSE

72* Schenkel meist hell. Fühler frühestens vom dritten Glied an angedunkelt. Durchschnittlich größer, 4,9 bis 6,1 mm. Vor allem an vegetationsreichen Ufern mit feinkörnigem Boden.

- TETRACOLUM

73 Zumindest die drei ersten Fühlerglieder hell. Die dunklen FldPartien meist stärker metallisch. 4,3 bis 6,2 mm. Oft in Gewässernähe.

- ANDREAE

73* Zumindest das dritte Fühlerglied geschwärzt. Die dunklen FldPartien nur schwach metallisch. 4,2 bis 5,2 mm. Vor allem an steilen Lehmufern.

- FEMORATUM

Cillenus (ohne Abbildung)

Kopf und HSch schwarzbraun, meist grünlich bis rötlich metallisch. Fld gelbbraun, Fühler und Beine hell. Salzliebende Art der Nordseeküste. 3,5 bis 4,6 mm.

- LATERALE

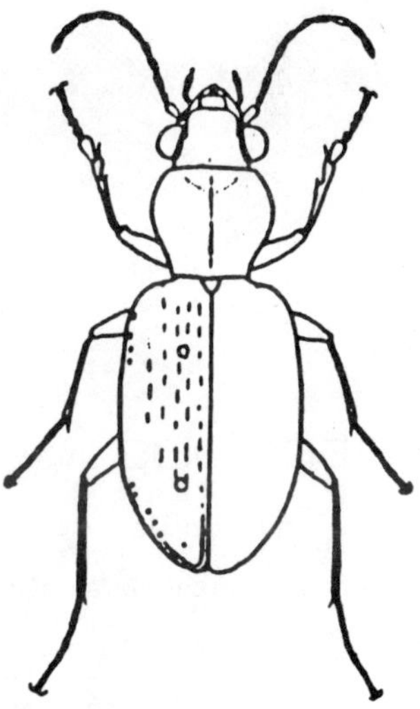

Asaphidion

1 HSchHinterwinkel mit Fältchen neben dem Seutenrand (61.2). Punktur der Fld groß, mäßig dicht. Beine rötlich gelb. 3,9 bis 5,4 mm. Vor allem an feuchteren Stellen.

- FLAVIPES

1* HSchHinterwinkel ohne solches Fältchen (61.1). FldPunktur fein und dicht.

. . . 2

2 Durchschnittlich kleiner, 4,1 bis 5,6 mm. Beine rötlich gelb, meist schwach metallisch. HSch längs der Mitte besonders vorn dicht punktiert. Vor allem auf lehmigem und wechselfeuchtem Boden, vielfach an Ufern.

- PALLIPES

2* Meist größer, 5,5 bis 7,4 mm. Beine bräunlich, meist stärker metallisch. HSch längs der Mitte spärlich punktiert. An Bach- und Flußufern.

- CARABOIDES (3)

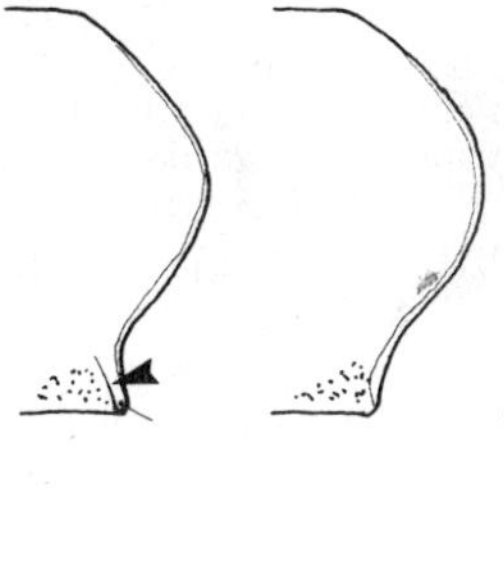

Pogonus

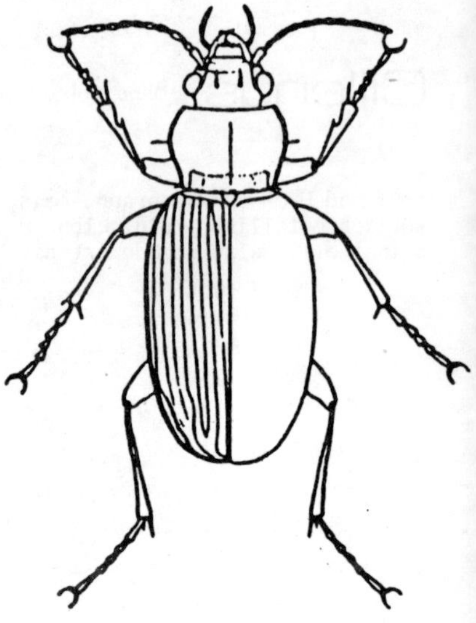

1 Fld braungelb, Kopf und HSch braunschwarz, meist metallisch grün schimmernd. 6 bis 8,7 mm. Nordseeküste.

- LURIDIPENNIS (3)

1* Oberseite einfarbig braunschwarz, meist grün metallisch. 5,3 bis 7,7 mm. Nordseeküste und Binnenlandsalzstellen.

- CHALCEUS (4)

Patrobus (Grubenhalskäfer)

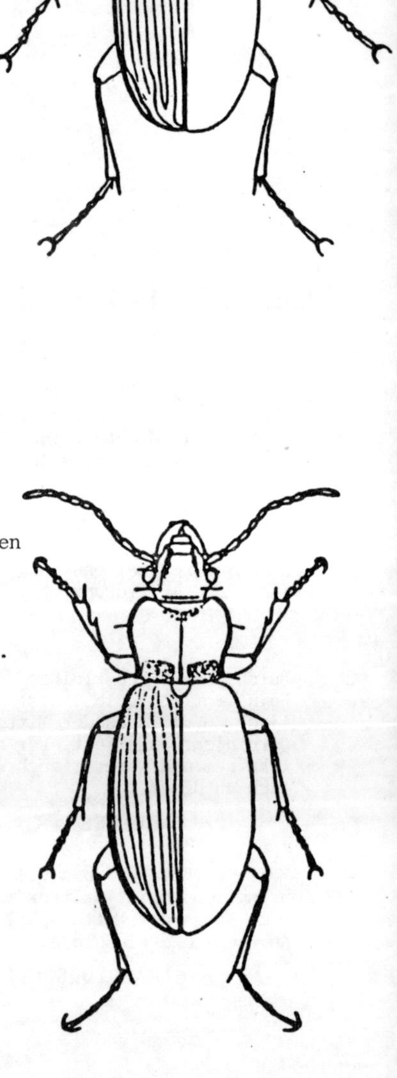

Bei uns kommen drei nur sehr schwer unterscheidbare Arten vor. Man findet sie vor allem in feuchten Wäldern, in Mooren und an schattigen Bachrändern.

1 HSch stark quer, Fld ziemlich flach. 7 bis 11 mm. Alpengebiet und Norddeutschland.

- SEPTENTRIONIS (2)

1* HSch schlanker, Fld gewölbter. . . . 2

2 Fld seitlich stärker gerundet, Schultern flachbogig. HSchLängsfurche in der Mitte ausgeprägt und tief. Verbreitetste Art. 7 bis 9,5 mm.

- ATRORUFUS

2* Fld seitlich weniger gerundet, schlank. Schultern kurzbogig. HSchLängsfurche in der Mitte feiner und recht flach. Im Norden in Mooren, sonst vor allem montan. 6 bis 8,5 mm.

- ASSIMILIS (2)

Perigona

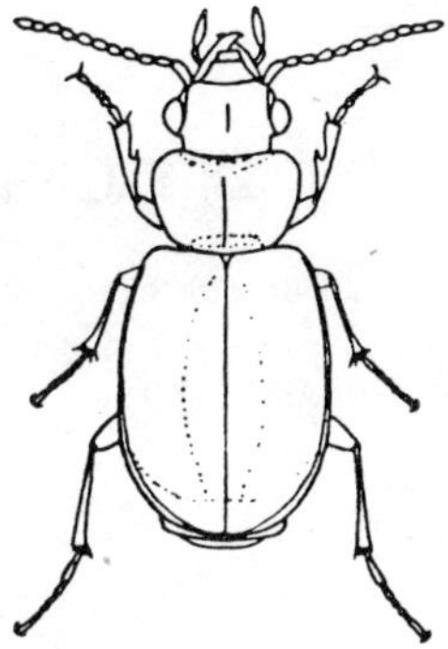

Bräunlich gelb, Kopf dunkel. 2,5 bis 2,9 mm. Sehr vereinzelt in Misthaufen und auf Schuttplätzen.

- NIGRICEPS

Anisodactylus

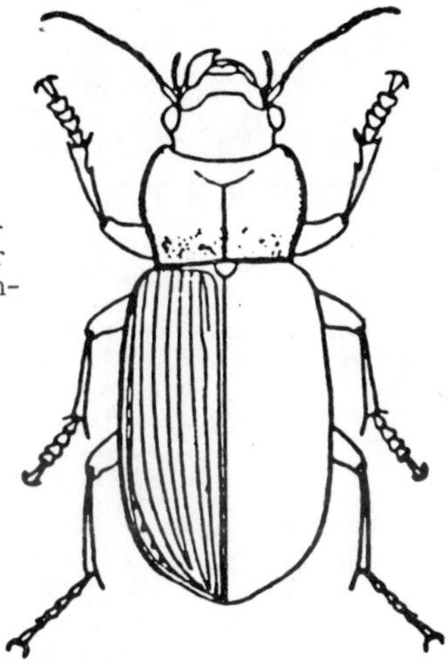

Die 4 bei uns vorkommenden Arten werden oft mit Vertretern der Gattung Harpalus verwechselt, haben aber längere Hintertarsen und meist einen rötlichen Stirnfleck.

1 Oberseite mit deutlich grünem Metallglanz. Vorderschienenenddorn dreispitzig (63.1). 10 bis 12 mm. Salzliebende Art der Meeresküsten, alte Funde auch an Binnenlandsalzstellen.

- POECILOIDES (1)

1* Oberseite dunkel, ohne deutlichen Metallglanz. Vorderschienenenddorn einspitzig (63.2).
. . . 2

2 HSchHinterwinkel vollkommen verundet (63.3). 10 bis 13 mm.

- SIGNATUS (3)

2* HSchHinterwinkel deutlich eckig (63.4). . . . 3

3 Durchschnittlich größer, 9 bis 13 mm. FldEnden hinten vollständig behaart.

- BINOTATUS

3* Meist kleiner, 8 bis 10 mm. FldEnden innen unbehaart.

- NEMORIVAGUS

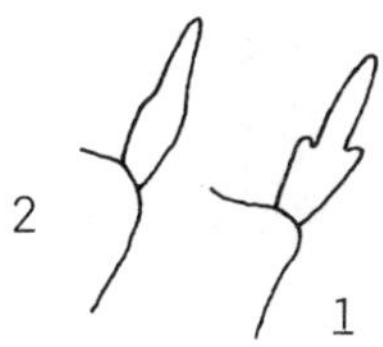

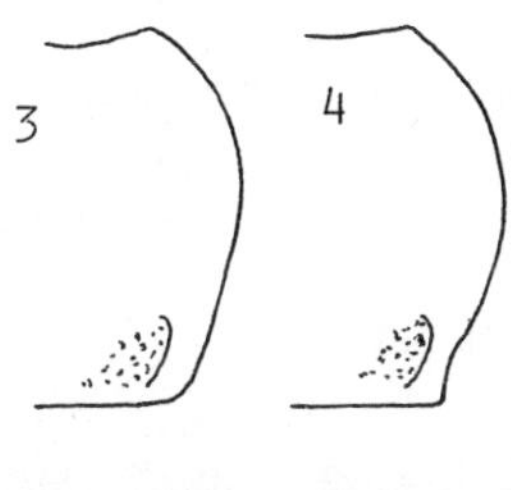

Diachromus

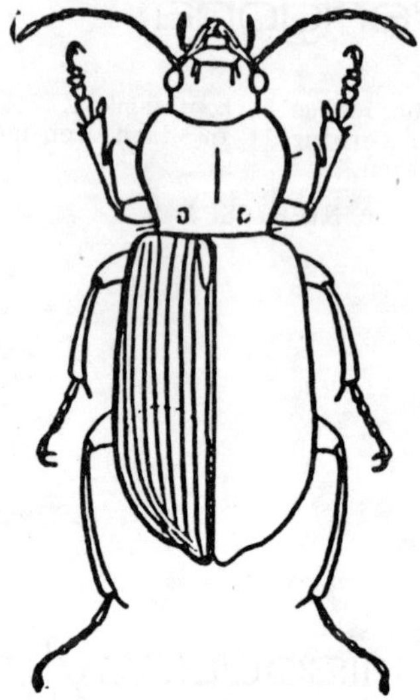

HSch und FldEndfleck blau, sonst gelbrot. HSchSeitenrand aufgehellt. 8 bis 10 mm.

- GERMANUS (2)

Trichotichnus

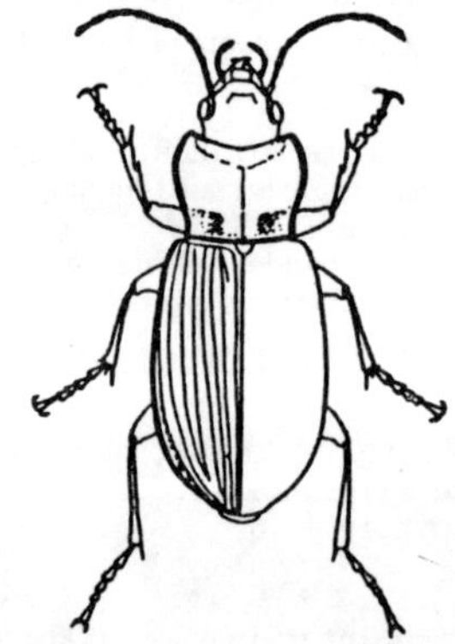

Bei uns ist diese Gattung mit zwei Arten vertreten, die vorzugsweise montan vorkommen und nur durch Genitaluntersuchung sicher zu trennen sind.

- laevicollis: 6 bis 8,5 mm. Fld bei 50-facher Vergrößerung mit deutlicher Querskulptur.
- nitens : 7 bis 8,5 mm. Fld bei 50-facher Vergrößerung mit nur undeutlicher Querskulptur, aber feiner Punktierung.

Parophonus

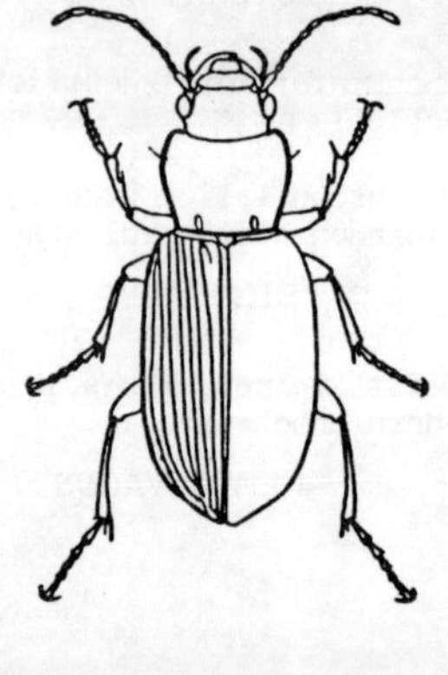

Braunschwarz, Beine heller. 5,5 bis 7,5 mm. Nur im Süden und Westen Deutschlands.

- MACULICORNIS (2)

Perigona

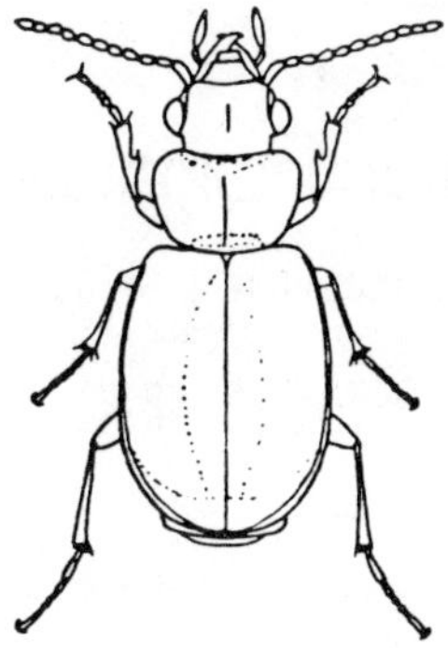

Bräunlich gelb, Kopf dunkel. 2,5 bis 2,9 mm. Sehr vereinzelt in Misthaufen und auf Schuttplätzen.

- NIGRICEPS

Anisodactylus

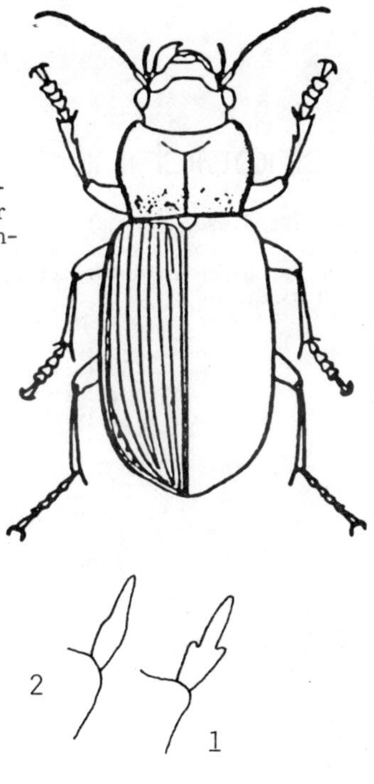

Die 4 bei uns vorkommenden Arten werden oft mit Vertretern der Gattung Harpalus verwechselt, haben aber längere Hintertarsen und meist einen rötlichen Stirnfleck.

1 Oberseite mit deutlich grünem Metallglanz. Vorderschienenenddorn dreispitzig (63.1). 10 bis 12 mm. Salzliebende Art der Meeresküsten, alte Funde auch an Binnenlandsalzstellen.

- POECILOIDES (1)

1* Oberseite dunkel, ohne deutlichen Metallglanz. Vorderschienenenddorn einspitzig (63.2). . . . 2

2 HSchHinterwinkel vollkommen verundet (63.3). 10 bis 13 mm.

- SIGNATUS (3)

2* HSchHinterwinkel deutlich eckig (63.4). . . . 3

3 Durchschnittlich größer, 9 bis 13 mm. FldEnden hinten vollständig behaart.

- BINOTATUS

3* Meist kleiner, 8 bis 10 mm. FldEnden innen unbehaart.

- NEMORIVAGUS

2  1

3 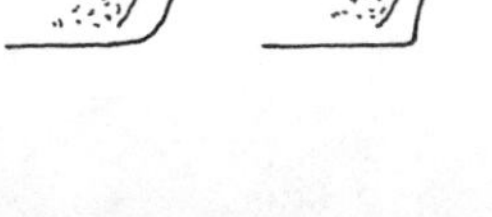 4

Diachromus

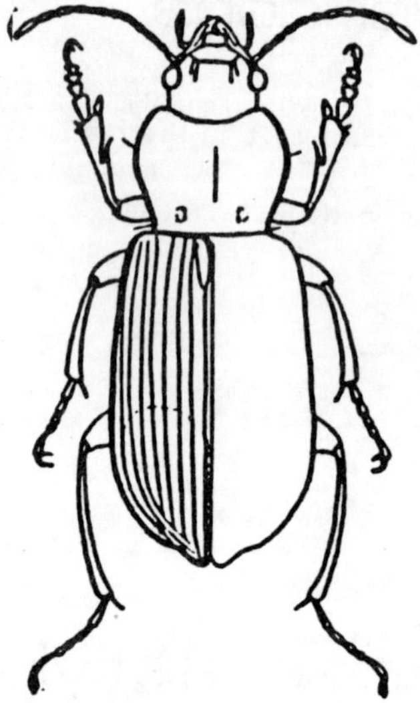

HSch und FldEndfleck blau, sonst gelbrot. HSchSeitenrand aufgehellt. 8 bis 10 mm.

- GERMANUS (2)

Trichotichnus

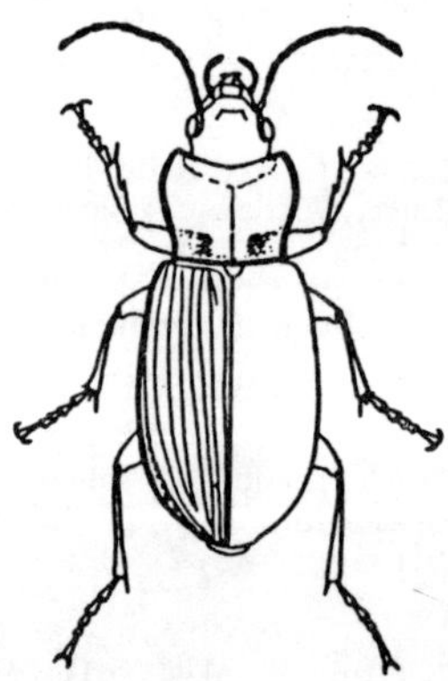

Bei uns ist diese Gattung mit zwei Arten vertreten, die vorzugsweise montan vorkommen und nur durch Genitaluntersuchung sicher zu trennen sind.

- laevicollis: 6 bis 8,5 mm. Fld bei 50-facher Vergrößerung mit deutlicher Querskulptur.

- nitens : 7 bis 8,5 mm. Fld bei 50-facher Vergrößerung mit nur undeutlicher Querskulptur, aber feiner Punktierung.

Parophonus

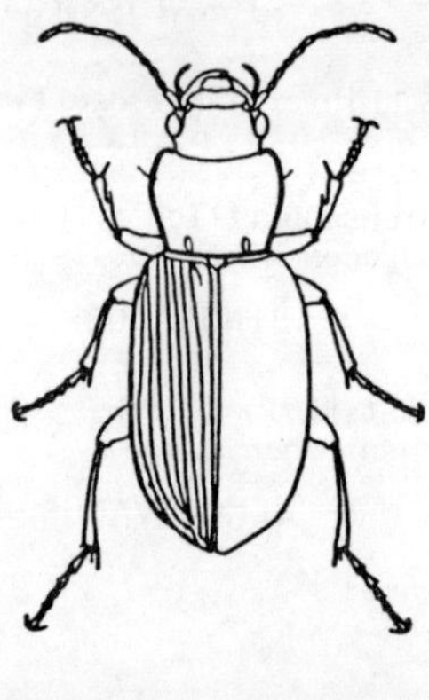

Braunschwarz, Beine heller. 5,5 bis 7,5 mm. Nur im Süden und Westen Deutschlands.

- MACULICORNIS (2)

Harpalus (Schnelläufer)

Die Gattung Harpalus ist bei uns mit etwa fünfzig Arten vertreten. Die verschiedenen Untergattungen (z.B. PHONUS) werden von einigen Autoren als eigene Gattung angesehen. - Die meisten Arten kommen in offenem und sonnenexponiertem Gelände vor, wie Äcker oder Trockenhänge; bevorzugt werden sandige oder kalkige Böden.
Die meisten Arten nehmen neben fleischlicher auch pflanzliche Nahrung zu sich, man findet sie daher oft in den Fruchtständen verschiedener Pflanzen.

UNTERGATTUNGEN

1 Fld vollkommen fein behaart. . . . 2

1* Fld höchstens auf den äußeren Zwischenräumen fein behaart (65.1) oder kahl. . . . 5

2 Kopf regelmäßig punktiert, Schläfen fein behaart. . . . 3

2* Kopf ohne vollständige und regelmäßige, größere Punktur, Schläfen unbehaart. . . . 4

3 Oberseite immer metallisch. HSchHinterwinkel stumpf, meist verrundet. 9,5 bis 17 mm.

- U.G. OPHONUS

3* Wenn Oberseite metallisch, dann HSch-Hinterwinkel scharf oder Art kleiner als 9,5 mm.

- U.G. METOPHONUS

1

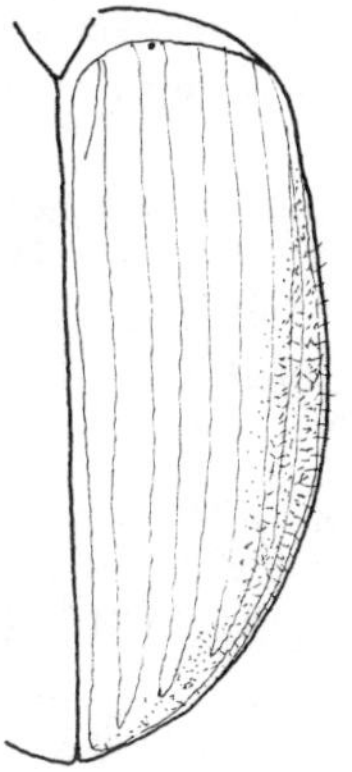

4 Kleiner, 6 bis 7 mm.

- U.G. SEMIOPHONUS

4* Größer, 9 bis 16 mm.

- U.G. PSEUDOPHONUS

5 Tarsenoberseite behaart. 10 bis 15 mm.

- U.G. PARDILEUS

Anmerkung:
Mehrere Tarsen vergleichen, da Haare oft abgerieben sind.

5* Tarsenoberseite kahl. . . . 6

6 Einfarbig gelbbraun, 11 bis 13 mm.

- U.G. ACARDYSTUS

6* Anders.

- U.G. HARPALUS

U.G. OPHONUS

1 HSch nach hinten stärker verengt, Hinterecken deutlich (66.1). Schwarz mit meist blauem Metallglanz, Beine heller. 13 bis 17 mm. Wärmeliebende Art.

- SABULICOLA

1* HSch nach hinten weniger verengt, Hinterecken abgeschrägt (66.2). . . . 2

2 Durchschnittlich kleiner, 9 bis 12,5 mm. Fld meist metallisch blau, gelbbraun behaart. Beine bräunlich. Bei uns nur in Wärmegebieten im südlicheren Teil Deutschlands.

- DIFFINIS (3)

2* Durchschnittlich größer, 11 bis 15 mm. Fld meist metallisch grün, schwarz behaart. Beine bräunlich. Vor allem auf sonnigen Kalkböden.

- OBSCURUS

1

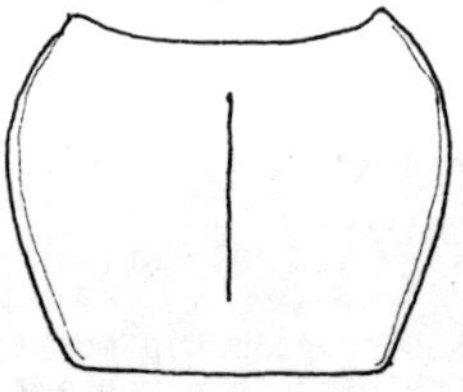

2

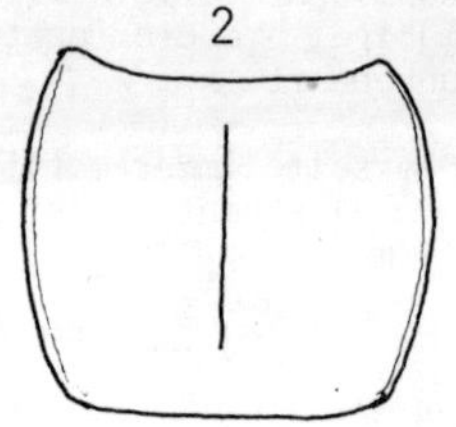

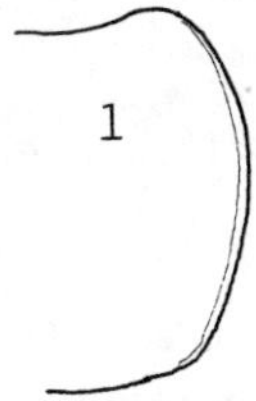

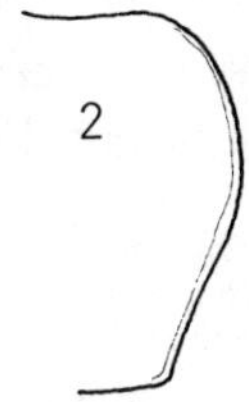

U.G. METOPHONUS

1 HSchHinterecken stumpf verundet (67.1). . . . 2

1* HSchHinterecken winklig (67.2). . . . 3

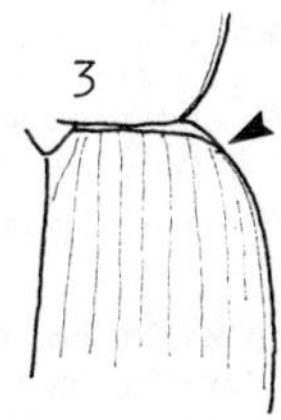

2 Oberseite metallisch grün oder blau (sehr selten schwarz). Schultern undeutlich gewinkelt (67.3). Beine bräunlich. 7 bis 9 mm. Vor allem auf trockenen und stark besonnten Böden.

- AZUREUS

2* Oberseite schwarz. Schultern deutlich gewinkelt, 6,5 bis 8,5 mm. Nur vom Kaiserstuhl und aus Hessen bekannt.

- SUBQUADRATUS (2)

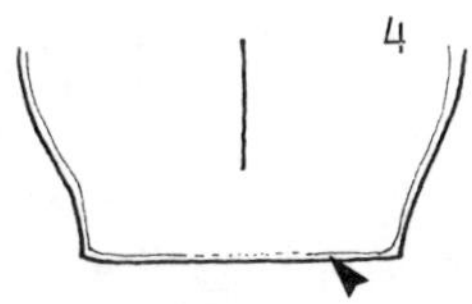

3 Oberseite metallisch blau oder grün. 9 bis 11,5 mm. Vor allem in Wärmegebieten.

- PUNCTATULUS

3* Oberseite schwarz oder braun. . . . 4

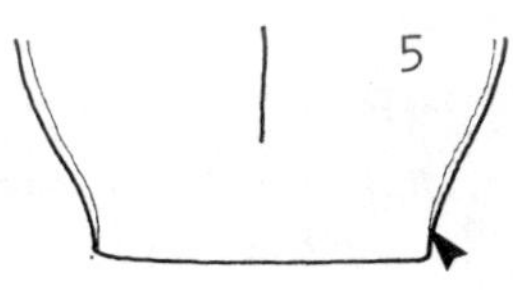

4 Der abgesetzte HSchSeitenrand geht an den Hinterecken im Bogen in einen feinen Basalrand über, der allerdings zur Mitte hin erloschen sein kann (67.4).

. . . 7

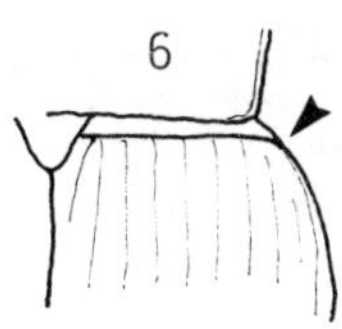

4* Der abgesetzte HSchSeitenrand endet vor oder an den Hinterecken, d.h. die HSch Basis ist ungerandet (67.5).
. . . 5

5 Kopf und HSch meist rötlich aufgehellt. Schultern verundet (67.6). 7 bis 9 mm. Wärmeliebend.

- RUPICOLA

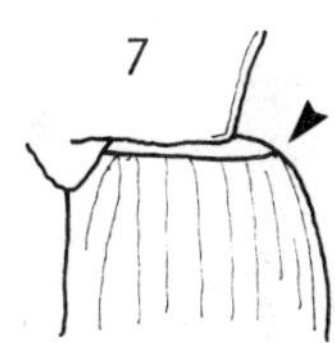

5* Einheitlich gefärbt, Schultern gewinkelt (67.7).. . . 6

6 Durchschnittlich kleiner, 7 bis 9 mm. HSch stärker quer (68.1), weniger stark punktiert.

- RUFIBARBIS

6* Durchschnittlich größer. 8 bis 10 mm. HSch gestreckter (68.2) und stärker punktiert. Nach Norden seltener werdend.

- SCHAUBERGIANUS

7 HSch nach hinten sehr stark verengt, Hinterecken in der Verlängerung des fünften FldStreifens (68.3). Fld oder Kopf und HSch meist bräunlich aufgehellt. 7,5 bis 10 mm. Wärmeliebend.

- CORDATUS

7* HSch nicht so stark verengt, Hinterecken in der Verlängerung des sechsten Fld Streifens (68.4). Oberseite schwarzbraun.

. . . 8

8 Durchschnittlich größer, 7 bis 10 mm. Basalrand des HSch vollständig (68.5).

. . . 9

8* Durchschnittlich kleiner, 5 bis 7 mm. Basalrand des HSch unvollständig. (68.6).

. . . 10

9 HSch seitlich stark geschwungen (69.1). Punktur auf der HSchMitte spärlich. 7 bis 10 mm. Wärmeliebend.

- PUNCTICOLLIS

9* HSch seitlich weniger geschwungen (69.2). Punktur auf der HSchMitte gleichmäßiger. 7 bis 9 mm.

- PUNCTICEPS

10 HSchSeitenrand mit zwei bis drei Borsten, die Hinterecken fast rechtwinklig (69.3). 5 bis 7mm.

- MELLETI

10* HSchSeitenrand mit meist nur einer Borste, die Hinterecken stumpfwinklig (69.4). 5 bis 7 mm. Nur in südlicheren Wärmegebieten.

- ZIGZAG (3)

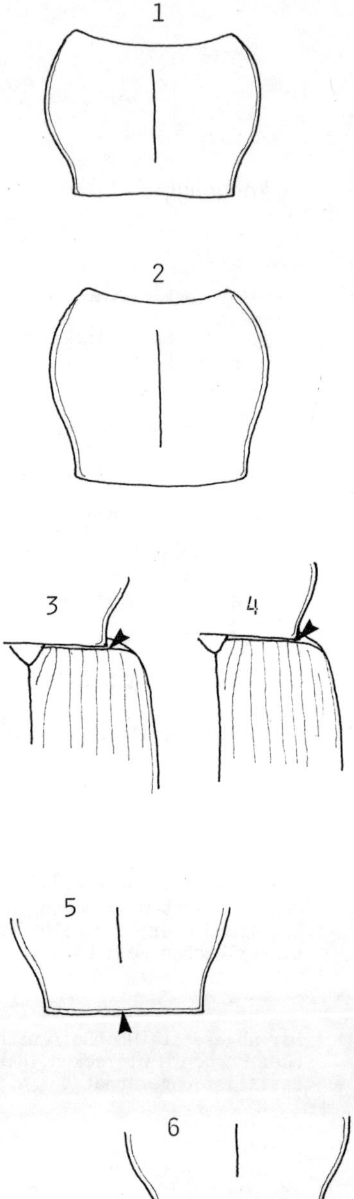

U.G. SEMIOPHONUS

Schwarz, Oberseite selten teilweise metallisch. 6 bis 7 mm. Nach Westen zu seltener.

- SIGNATICORNIS

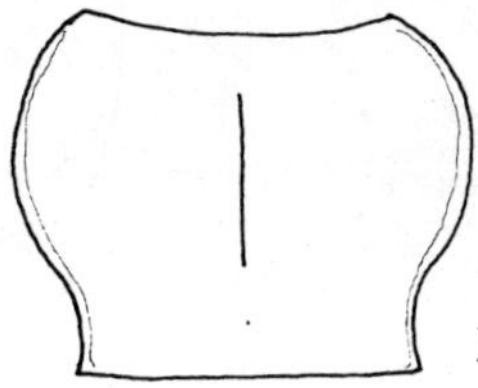

1

U.G. PSEUDOPHONUS

1 Durchschnittlich größer, 11 bis 16 mm. Hinterleib unten in der Mitte kahl, seitlich behaart. Beine bräunlich. Vor allem auf Lehmboden, vielfach auf Äckern.

- RUFIPES

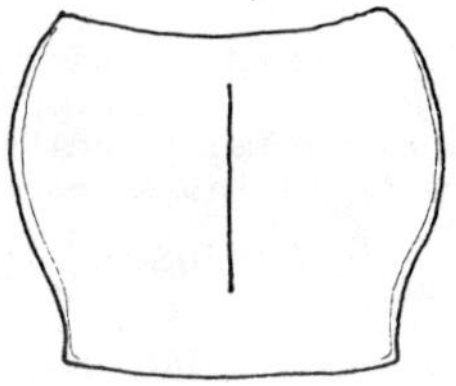

2

1* Durchschnittlich kleiner, 9 bis 11 mm. Hinterleib unten in der Mitte behaart, seitlich kahl. Beine bräunlich. Meist häufig, nach Süden seltener werdend. Bevorzugt offenes Gelände.

- GRISEUS

3

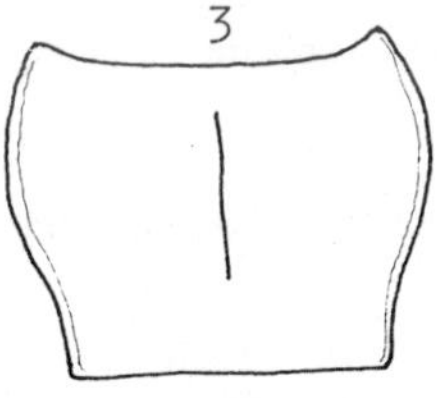

U.G. PARDILEUS

Schwarz, Beine zum Ende hin aufgehellt. 10 bis 15 mm. Vor allem auf Sandboden.

- CALCEATUS (3)

4

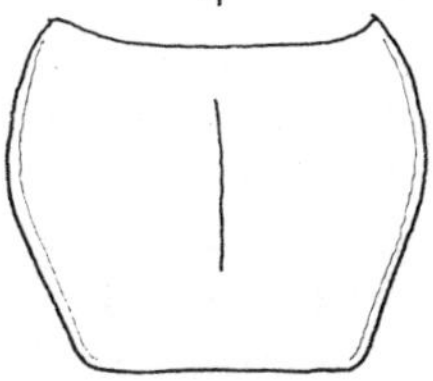

U.G. ACARDYSTUS

Einfarbig braungelb, 11 bis 13 mm. Auf Sandboden, vor allem unter Steinen.

- FLAVESCENS (3)

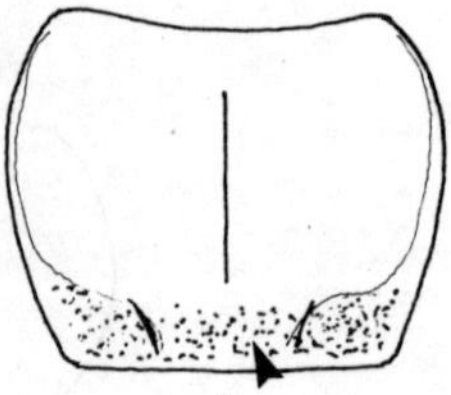

1

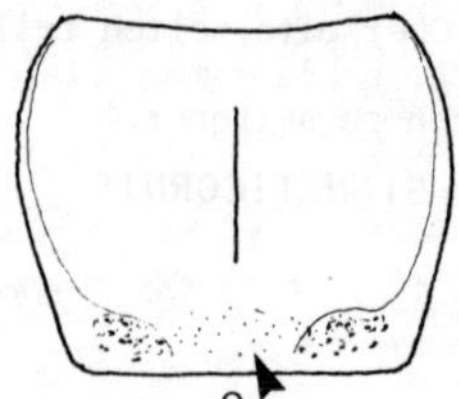

2

U.G. HARPALUS

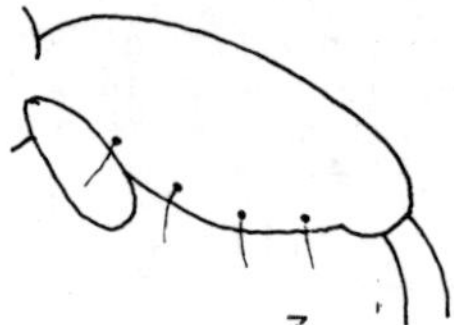

3

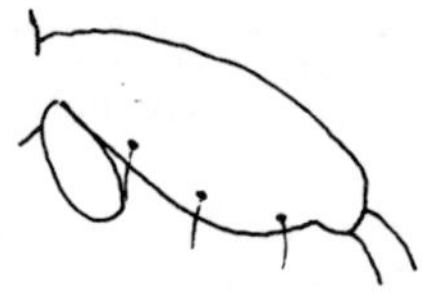

4

1 Fld zumindest auf den äßeren Zwischenräumen stark behaart. Oberseite meist metallisch grün oder kupfrig. 9 bis 12 mm.

- AENEUS

1* Fld auch seitlich höchstens mit einzelnen Härchen. . . . 2

2 Im achten FldZwischenraum am Ende zumindest drei größere Punkte. Fühler rotbraun, auch Beine großteils aufgehellt. 7 bis 11 mm. Auf Sandböden.

- MELANCHOLICUS (2)

2* Höchstens fünfter oder siebter Fld Zwischenraum am Ende mit größeren Punkten. . . . 3

3 HSchBasis umfangreich punktiert (70.1). . . . 4

3* HSchBasis höchstens mit einigen Pünktchen (70.2). . . . 14

4 Der siebte FldZwischenraum am Ende mit mindestens zwei größeren Punkten. . . . 5

4* Siebter FldZwischenraum am Ende ohne solche Punkte. 7

5 Größer, 11 bis 14 mm. Beine dunkel. Vor allem in Wärmegebieten.

- DIMIDIATUS

5* Kleiner, 8 bis 11 mm. Beine rötlichbraun. . . . 6

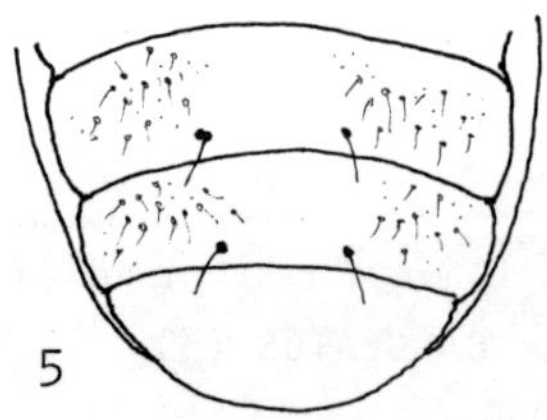

5

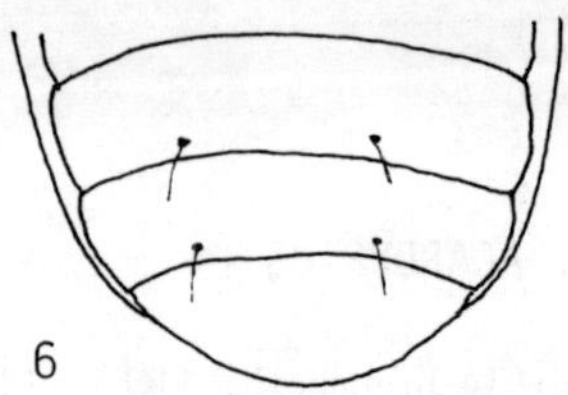

6

6 Oberseite oft blau oder grünlich metallisch. Hinterschenkelhinterseite mit zumindest vier Borsten (70.3). 8 bis 11 mm. Überall, bevorzugt offenes Gelände.

- RUBRIPES

6* Oberseite immer schwarz. Hinterschenkelhinterseite mit drei Borsten (70.4). 10 bis 11 mm. Montan, vor allem in den Alpen und deren Vorland.

- MARGINELLUS

7 Die zwei vorletzten Sternite mit mehr als den zwei normalen Borsten (70.5).

. . . 8

7* Die zwei vorletzten Sternite nur mit den zwei normalen Borsten (70.6). . . . 9

8 Der abgeflachte HSchSeitenrand nach hinten stark verbreitert (71.1). Beine rotbraun. Braunschwarz, 8 bis 10,5 mm. Wärmeliebend, bevorzugt Kalk- oder Sandgebiete.

- SMARAGDINUS

8* HSchSeitenrand nach hinten nicht verbreitert (71.2). Beine meist dunkel, Oberseite meist metallisch blau oder grünlich. 8 bis 11,5 mm.

- DISTINGUENDUS

9 FldZwischenräume am Ende spitz und gewölbt auslaufend (71.3). Schwarz, selten mit Metallglanz. 9 bis 11 mm. Bisher nur im Rheinland und in Hessen.

- TENEBROSUS

9* Zumindest die inneren FldZwischenräume nicht deutlich spitz und gewölbt auslaufend (71.4).

. . . 10

10 Der dritte FldZwischenraum mit zwei bis drei Porenpunkten (71.5). Schwarz, manchmal leicht metallisch, Beine aufgehellt. 10 bis 11,5 mm. Vor allem montan in Wäldern.

- QUADRIPUNCTATUS

10* Der dritte FldZwischenraum höchstens mit einem Porenpunkt. . . . 11

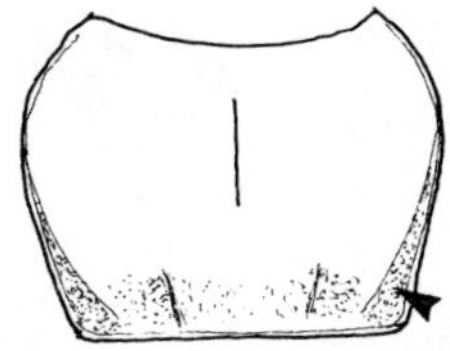

1

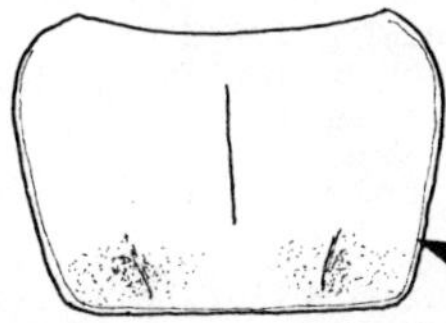

2

3

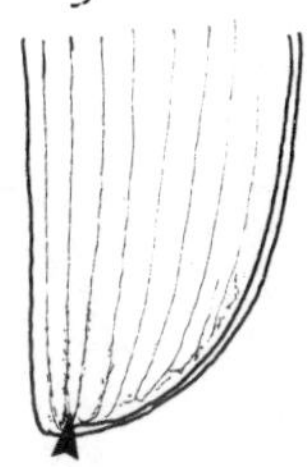

4

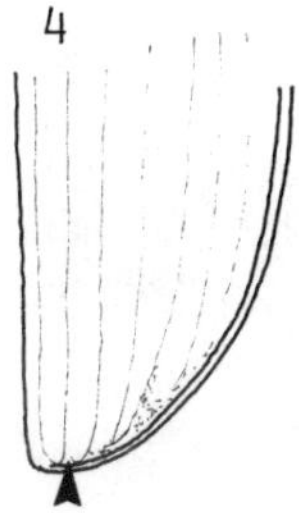

5

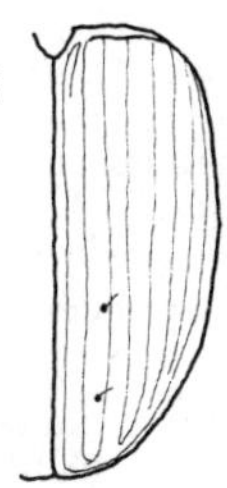

11 Größere Art, 11 bis 14 mm. Schulterzähnchen deutlicher (72.1). Schwarz, Beine aufgehellt. Vor allem montan.

- ATRATUS

11* Kleinere Arten, 6 bis 11 mm. Schulterzähnchen bei den größeren Arten undeutlicher (72.2).

. . . 12

12 Beine dunkler, braunrot, die Schenkel meist geschwärzt. 8 bis 10,5 mm. HSch nach hinten fast gerundet verengt. Auf Sandboden.

- FULIGINOSUS

12* Beine heller, ganz rötlich gelb. Wenn über 8 mm, dann HSch nach hinten deutlich fast gerade verengt.

. . . 13

13 Größere Art, 8 bis 11 mm. HSchSeitenrand nur sehr selten aufgehellt. HSch siehe (72.3).

- LATUS

13* Kleinere Arten, 6 bis 8 mm. HSchSeitenrand deutlich gelb aufgehellt. 6 bis 8 mm.

- LUTEICORNIS

(Diese Art wird heute in drei Arten aufgeteilt, die allerdings nur durch Genitaluntersuchungen sicher zu trennen sind)

14 Arten von 13 bis 16 mm. . . . 15

14* Arten unter 12 mm. . . . 16

15 Vorderschienenende außen lappenförmig vorgezogen (72.5). 13 bis 16 mm. Bevorzugt Sandgebiete.

- HIRTIPES (3)

15* Vorderschiene am Ende quer abgestutzt (72.4). 13 bis 14 mm. Bevorzugt Kalkgebiete.

- ZABROIDES (3)

16 HSch nach hinten stärker und meist leicht ausgeschweift verengt (72.6).

. . . 17

1

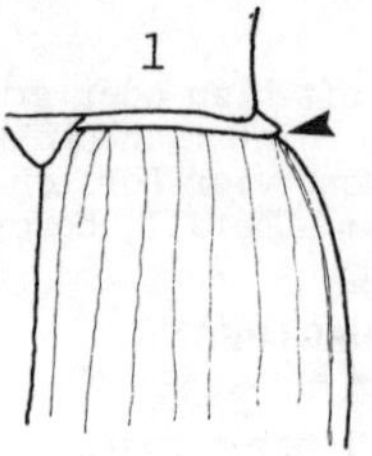

2

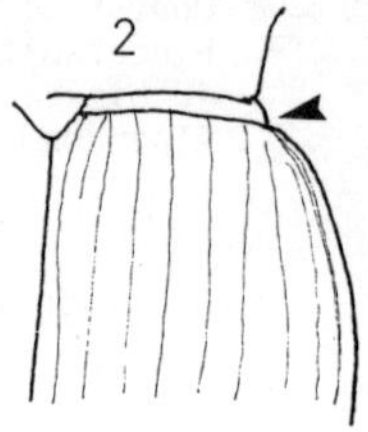

3

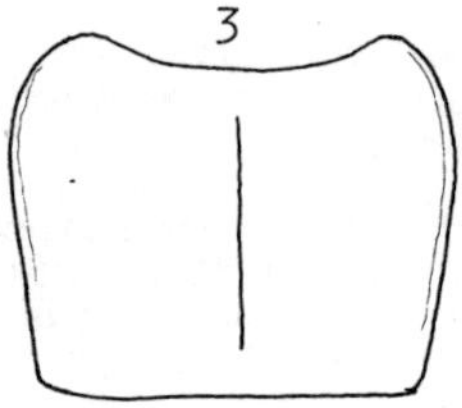

4

5

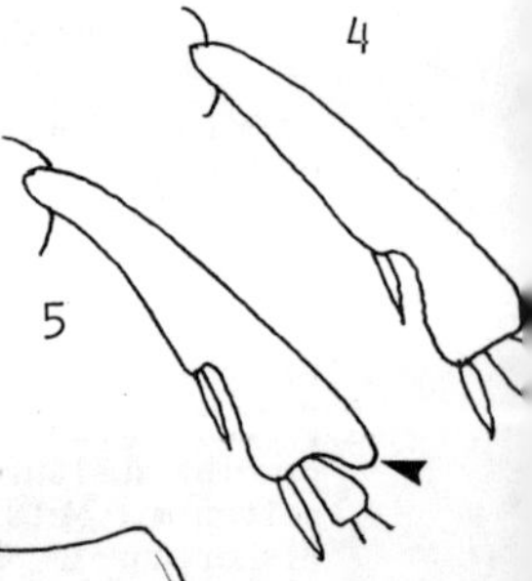

6

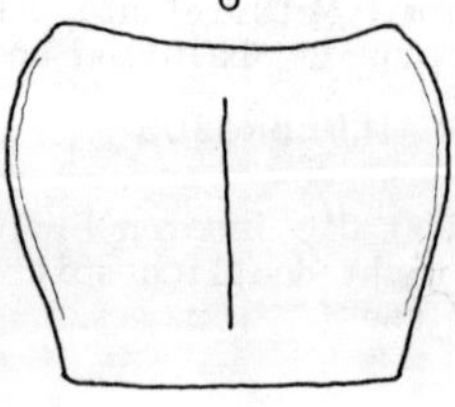

7

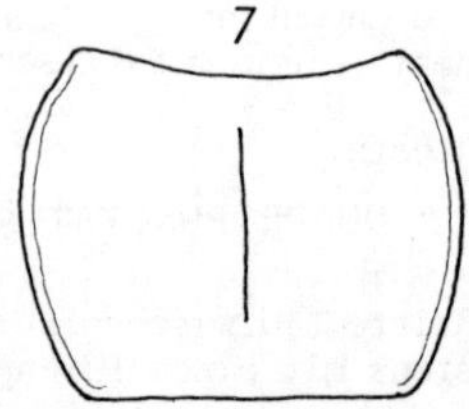

16* HSch nach hinten weniger stark und gerade oder gleichmäßig gebogen verengt (72.7). . . . 18

17 Oberseite deutlich metallisch blau oder grün, manchmal nur schwach. HSchSeiten stärker gerundet. 8 bis 10 mm. Vor allem an Wärmestellen.

- HONESTUS

17* Oberseite schwarz, nur sehr selten mit leichtem Metallglanz. HSchSeiten weniger gerundet. 8 bis 10 mm. Vor allem in lichten Wäldern.

- RUFITARSIS

18 Die vorletzten Sternite mit mehr als den zwei normalen Borstenpunkten (73.1). . . . 19

18* Die vorletztenSternite nur mit den beiden normalen Borstenpunkten (73.2). . . . 21

19 Beine vollständig gelbbraun. Schwarz, Seitenränder oft aufgehellt. 7,5 bis 9,5 mm. Bevorzugt Sandböden.

- AUTUMNALIS

19* An den Beinen zumindest die Schenkel geschwärzt. . . . 20

20 Fühler einfarbig gelbbraun. Schwarz, 8 bis 10,5 mm. Bevorzugt Sandböden.

- FRÖLICHI

20* Zumindest das zweite und dritte Fühlerglied geschwärzt. Durchschnittlich kleiner, 6 bis 8,5 mm. Bevorzugt Sandböden.

- NEGLECTUS

21 HSch nach hinten nicht verengt (73.3). Hinterrand deutlich konkav. Schwarz, oft teilweise aufgehellt. 7 bis 8,5 mm. Im Norden häufiger.

- SERVUS

21* HSch nach hinten verengt (73.4) oder Hinterrand nicht deutlich konkav (73.5). . . . 22

1

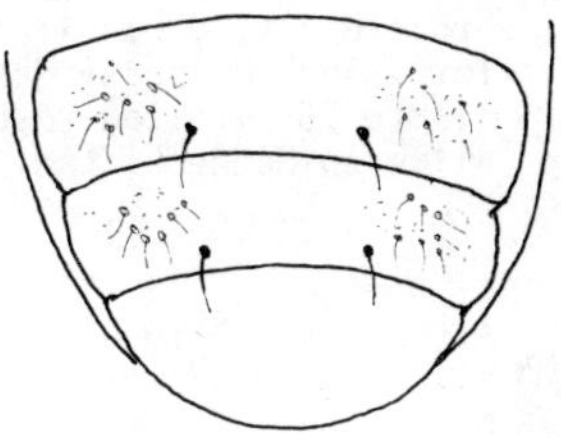

2

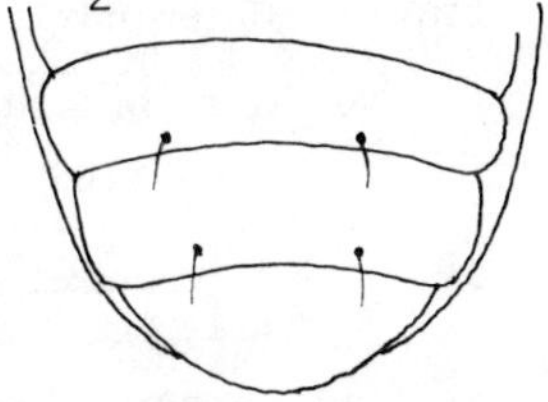

3

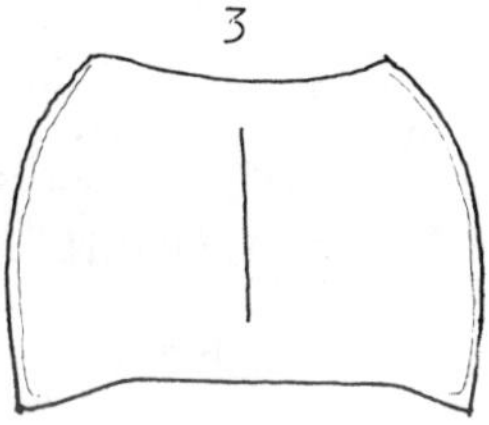

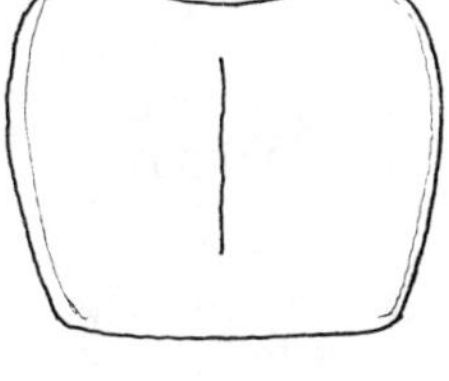

4

5

22 Größere Art, 9 bis 12 mm. An den Fühlern sind zumindest das zweite und dritte Fühlerglied geschwärzt. Vor allem in Sandgebieten.

- SERRIPES

22* Arten unter 9 mm oder an den Fühlern sind auch das zweite und dritte Glied hell.

. . . 23

23 HSchHinterwinkel deutlich eckig (74.1). Schwarz, 6,6 bis 8 mm. Vor allem in Sandgebieten.

- ANXIUS

23* HSchHinterwinkel verundet (74.2).

. . . 24

24 Fld mit Porenpunkten an der Basis des Scutellarstreifens und im dritten Fld Zwischenraum (74.3).

. . . 25

24* Fld ohne diese Porenpunkte. Schwarzbraun, Fühler hell. 4,5 bis 7,2 mm. Vor allem auf sonnigen Sandböden.

- VERNALIS

25 Größer, 7 bis 11 mm.

. . . 26

25* Kleiner, 5,5 bis 6,8 mm. Schwarz, Fühler und Beine teilweise aufgehellt. Wärmeliebend, auf Sandböden.

- MODESTUS

26 Durchschnittlich größer, 8,5 bis 11 mm. Beine dunkel, meist nur Tarsen und die Schienenbasis aufgehellt.

- TARDUS

26* Kleiner, 7 bis 9 mm. Beine bräunlich, höchstens die Schenkel angedunkelt. Bei uns bisher nur aus Bayern bekannt.

- FLAVICORNIS (2)

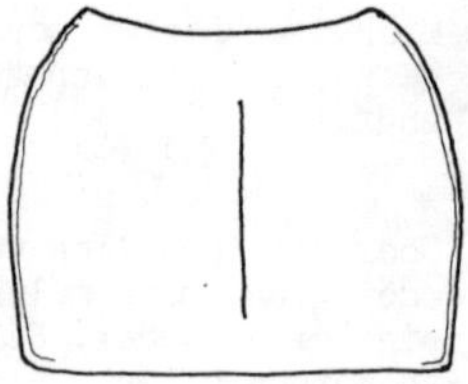
1

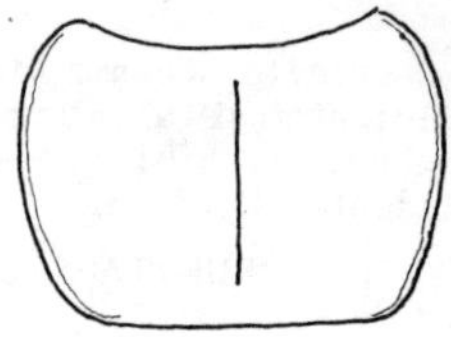
2

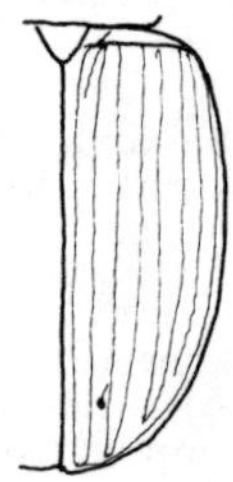
3

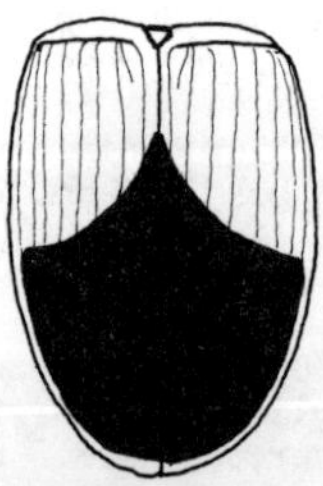
4

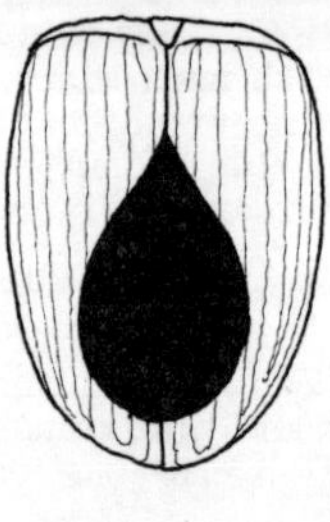
5

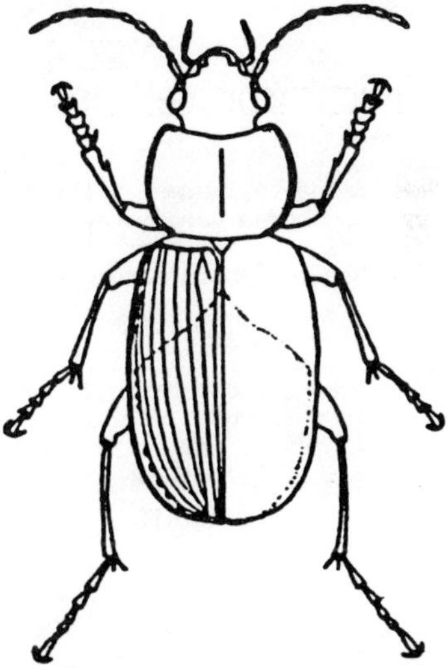

Stenolophus

1 HSch schwarz, Ränder meist aufgehellt. 5 bis 6 mm. Bevorzugt sumpfige Biotope.

- MIXTUS (3)

1* HSch rötlich gelb. . . . 2

2 Fld rötlich gelb, selten umfangreicher geschwärzt (74.5). HSchHinterrand teilweise gerandet. 5,5 bis 7 mm. An sumpfigen Stellen.

- SKRIMSHIRANUS (3)

2* Die rötlichen Fld meist umfangreich geschwärzt (74.4). HSchHinterrand ungerandet. 5,5 bis 7 mm. An Ufern und Feuchtstellen, aber auch an Trockenhängen.

- TEUTONUS

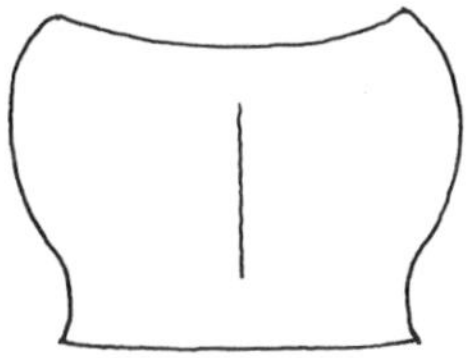

1

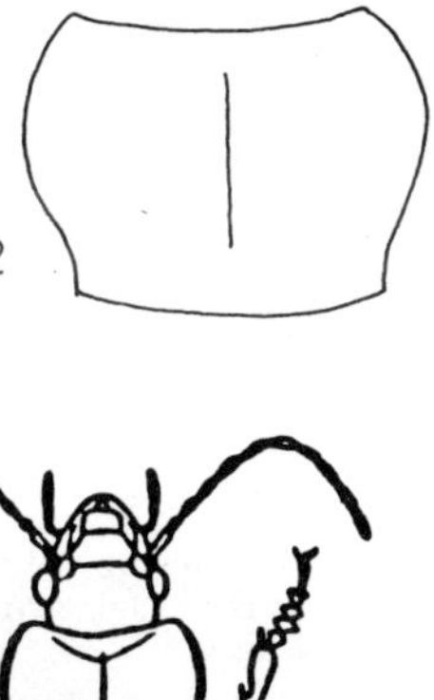

2

Dicheirotrichus

1 Kleiner, 4 bis 5 mm. Vereinzelt an Feucht- und Lehmstellen.

- RUFITHORAX (2)

1* Über 5 mm. . . . 2

2 Oberseite lang und abstehend behaart. HSch nach hinten kürzer verengt (75.2). 5,5 bis 7,5 mm. Nur an Salzstellen im Binnenland.

- OBSOLETUS (4)

2* Oberseite kürzer und anliegender behaart. HSch nach hinten länger und stärker verengt (75.1). 5,2 bis 7,8 mm. Vor allem an der Nordseeküste, seltener an Ostsee und Binnenlandsalzstellen.

- GUSTAVII (4)

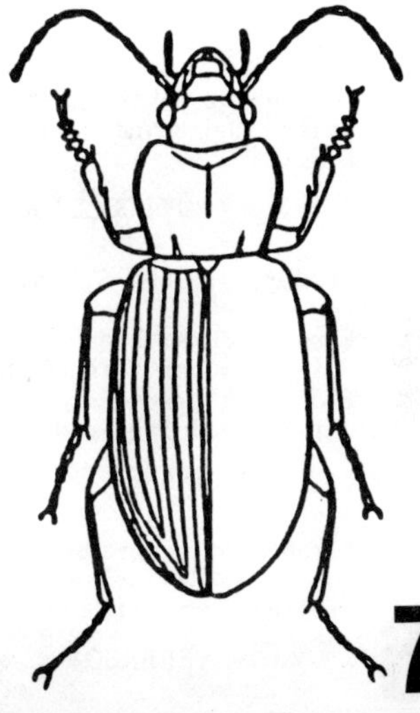

Trichocellus

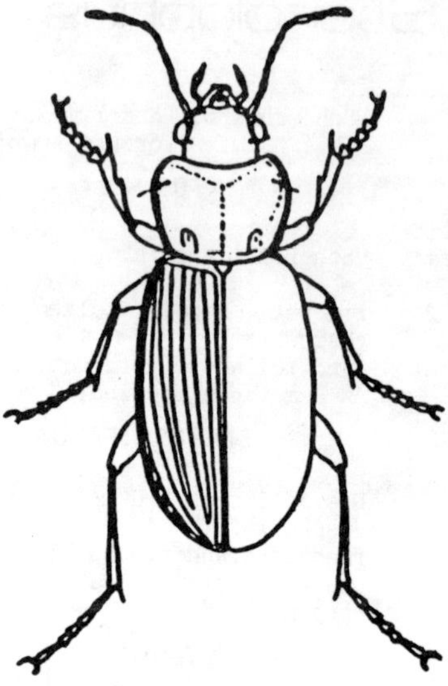

1 Beine vollkommen hell. HSch hinten annähernd gerade verengt (77.1). 4,2 bis 5 mm. Vor allem an feuchteren Stellen, nach Norden häufiger.

- PLACIDUS

1* Schenkel oft geschwärzt. HSch hinten fast gerundet verengt (77.2). 4 bis 4,8 mm. Vor allem in Moor- und Heidegebieten.

- COGNATUS

Bradycellus

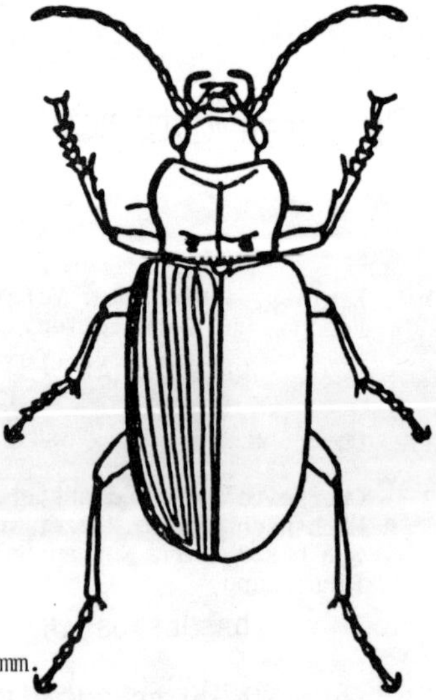

1 HSch hinten deutlich kurz konkav (77.3), Hinterecken deutlicher. . . . 2

1* HSch nach hinten gerade oder konvex (77.4), Hinterecken verrundet. . . . 4

2 Kleiner, 2,8 bis 3,5 mm. Braunschwarz, Seiten und Beine heller. Unter Heidekraut.

- RUFICOLLIS

2* Größer, 4,5 bis 5,5 mm. . . . 3

3 Körper schwarzbraun, Beine gelbbraun. Bei 50-facher Vergrößerung sind die FldZwischenräume deutlich genetzt. Bisher nur im Rheinland und bei Hamburg. 4,5 bis 5,5 mm.

- SHARPI

3* Körper rötlichbraun, Beine hell gelbbraun. Bei 50-facher Vergrößerung ist auf den FldZwischenräumen keine deutliche Netzung erkennbar. An Feuchtstellen, vor allem auf Sandboden. 4,5 bis 5,5 mm.

- VERBASCI

4 Meist größer, 3,5 bis 4,7 mm. Rotbraun, Beine heller. Der Scutellarstreif meist deutlich und lang. Augen stark vorgewölbt. Vor allem in Heide- und Moorgebieten.

- HARPALINUS

4* Durchschnittlich kleiner, 3 bis 4 mm. Der Scutellarstreif meist verkürzt oder undeutlich. Augen weniger vorgewölbt. . . . 5

5 Rotbraun, Fld meist etwas dunkler. Beine gelbrot. HSch nach hinten stärker verengt. Fast immer ungeflügelt (Fld abheben !). 3,2 bis 3,8 mm.

- COLLARIS

5* Dunkler schwarzbraun, Seitenränder aufgehellt. Beine gelbrot. HSch nach hinten schwächer verengt. Immer geflügelt. 3 bis 4 mm. Vor allem an trockenen und sandigen Stellen.

- CSIKII

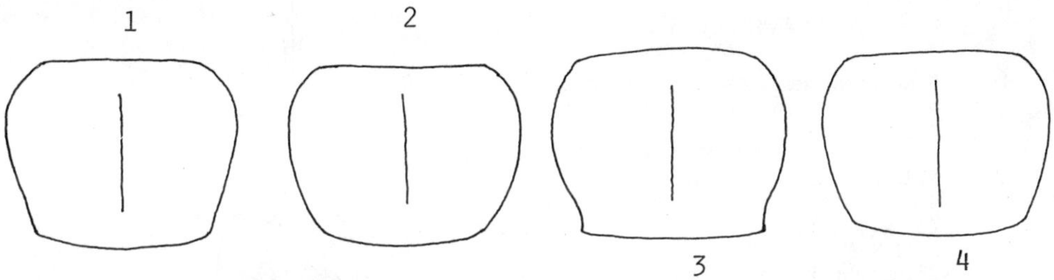

Acupalpus

Die Gattung Acupalpus ist hier bei uns mit acht Arten vertreten. Man findet die 2,2 bis 4,7mm großen Laufkäferarten vor allem an sonnigen Weg- und Feldrändern, sowie an Gewässerufern. Einige Arten sind auffällig rötlichgelb und schwarz gezeichnet, bei vielen ist zumindest der Bereich längs der Naht deutlich aufgehellt.

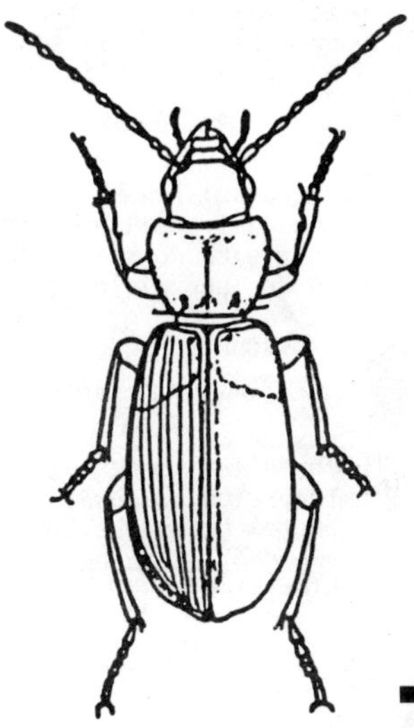

1 Die zweite FldFurche hinten nur sehr fein, endet frei. Braunschwarz, FldNaht und -Vorderecken umfangreich hell. 3 bis 3,7 mm. Sehr vereinzelt in Wärmegebieten.

- INTERSTITALIS (2)

1* Die zweite FldFurche hinten tief und deutlich, verschmilzt meist mit einer anderen Furche. . . . 2

2 Dritter FldZwischenraum im hinteren Drittel mit Porenpunkt (78.1). ... 4

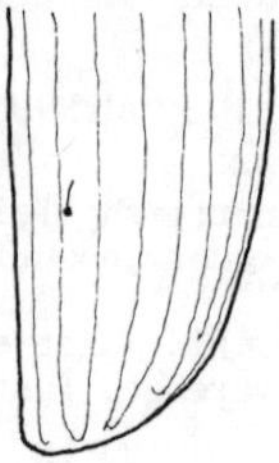

1

2* Dritter FldZwischenraum im hinteren Drittel ohne solchen Porenpunkt (78.2). ... 3

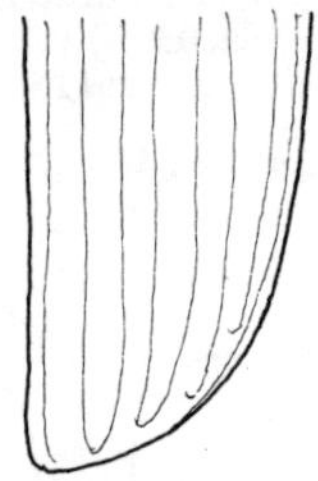

2

3 Braunschwarz, FldNaht und -Seitenränder manchmal aufgehellt. Bereits das zweite Fühlerglied geschwärzt. 3 bis 4 mm.

- BRUNNIPES

3* Kopf schwarz, HSch rötlichbraun, Fld dunkel bräunlich. Fühler frühestens vom dritten Fühlerglied an geschwärzt. 2,9 bis 3,7 mm. An Gewässerufern.

- FLAVICOLLIS

4 Fld braun oder schwarz, höchstens Naht und Seitenränder aufgehellt. 2,2 bis 3,3 mm. ... 5

4* Fld längs der Naht und zumindest an den Schultern deutlich hell (78.3). ... 6

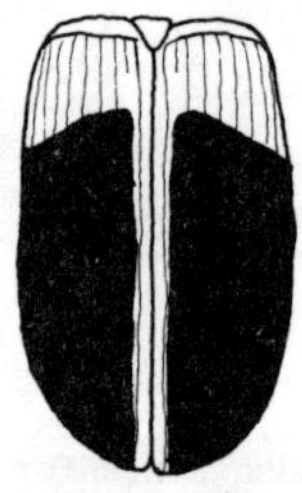

3

5 Beine rötlich gelb, HSch meist deutlich heller als Kopf und Fld. 2,2 bis 3 mm. Vor allem in Moorgebieten.

- DUBIUS

5* Beine meist braunrot bis braunschwarz, Oberseite einfarbig schwarzbraun. 2,2 bis 3,3 mm. Vor allem in Sumpfgebieten.

- EXIGUUS

6 HSch dunkel braunschwarz mit höchstens schmal aufgehelltem Seitenrand. Fld umfangreich dunkel (78.3). Augen etwa so lang wie das erste Fühlerglied. 3 bis 4,4 mm. Vor allem auf lehmigen und besonnten Böden.

- MERIDIANUS

4

6* HSch heller, manchmal jedoch die Mitte umfangreich geschwärzt. Fld meist in größerem Umfang hell (78.4). Augen deutlich länger als das erste Fühlerglied. ... 7

7 Durchschnittlich größer, 4 bis 4,7 mm. HSchSeiten gleichmäßig gerundet. Vereinzelt an Binnenlandsalzstellen und auf Sylt.

- ELEGANS (3)

7* Durchschnittlich kleiner, 3,4 bis 4,2 mm. HSchSeiten hinten fast gerade verengt. Verbreitet, vor allem in Ufernähe.

- DORSALIS

Anthracus

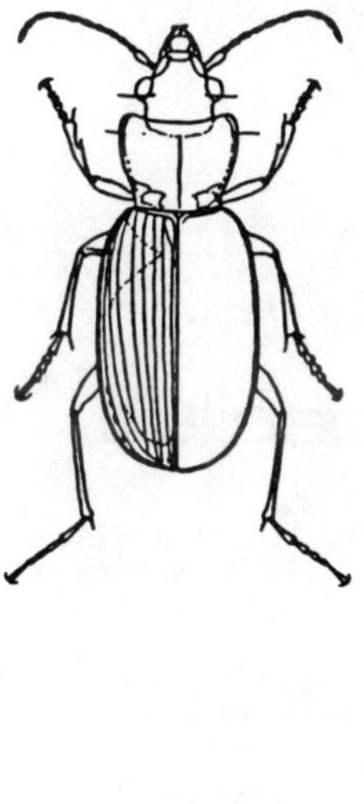

Rötlichbraun, Kopf und FldFlecken schwärzlich. 3,5 bis 5 mm. Fast ausschließlich an Ufern.

- CONSPUTUS

Stomis

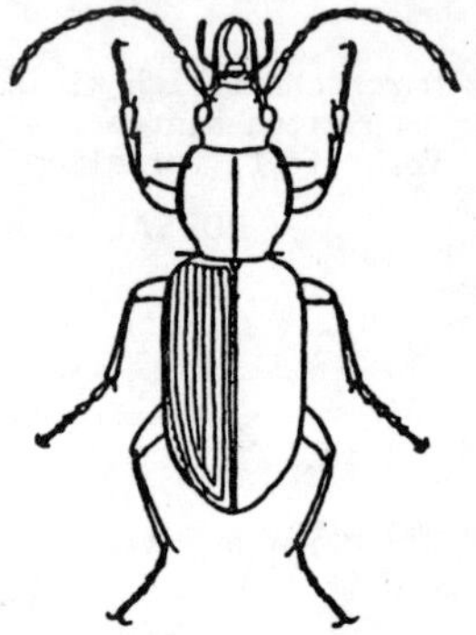

6,5 bis 8,3 mm. Meist schwarzbraun. Durch die extrem langen Oberkiefer leicht erkennbar. Feuchtigkeitsliebend, oft in Gewässernähe.

- PUMICATUS

Poecilus

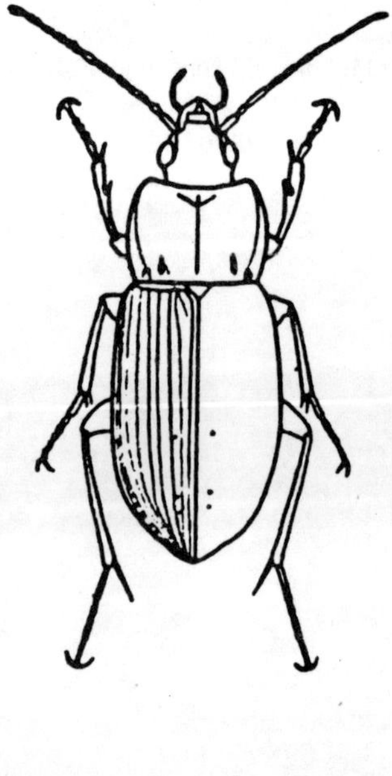

Bei uns kommen fünf Arten dieser Gattung vor, viele haben eine metallisch glänzende Oberseite.

1 Fld deutlich durchgehend längsgefurcht (81.1). . . . 2

1* Fld nicht deutlich durchgehend längsgefurcht, nur längsrissig skulpturiert (81.2). Schwarz. 10 bis 14 mm. Vor allem an trockenen Stellen.

- PUNCTULATUS (3)

2 1

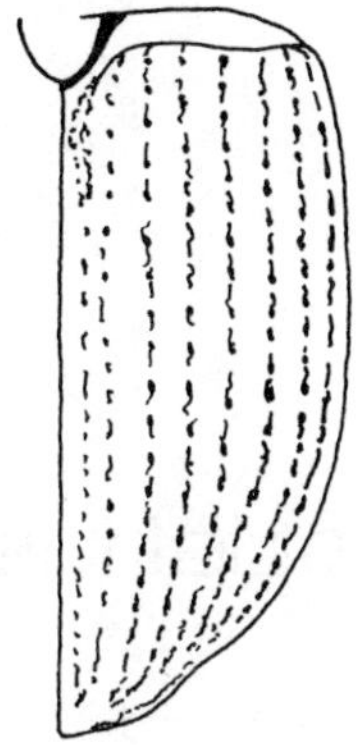

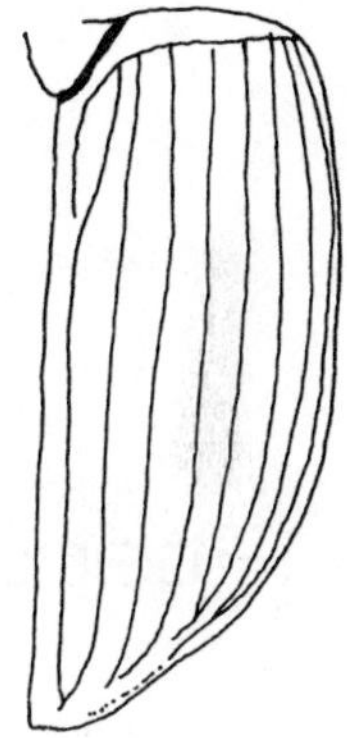

2 HSchSeiten vorn schmal, nach hinten breiter abgesetzt (81.3), münden in die Basalgruben.

. . . 3

2* HSchSeiten relativ gleichbleibend schmal abgesetzt (81.4), von den Basalgruben durch einen flachen Wulst getrennt.

. . . 4

3 Hinterschieneninnenseiten mit fünf bis acht kurzen, dunklen Borsten (81.7). Beine immer schwarz. Schwarz mit blaugrün kupfrigem Metallglanz. Wiesen und Waldränder. 8 bis 11.5 mm.

- VERSICOLOR

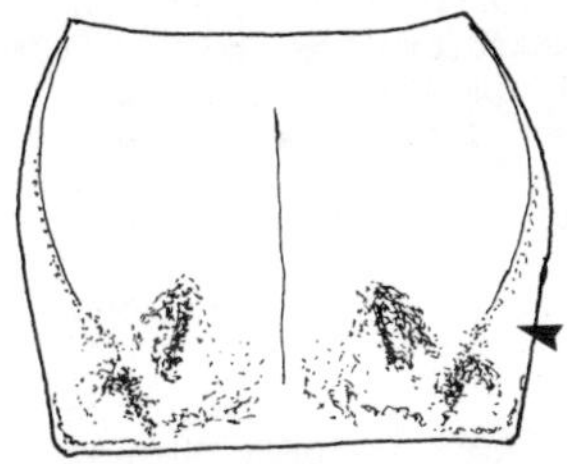

3

3* Hinterschieneninnenseiten mit acht bis zehn langen, hellen Haarborsten (81.6). Beine oft teilweise rötlich aufgehellt. Färbung wie obige Art. Feuchtigkeitsliebend, vor allem in Bachtälern und auf Feuchtwiesen. Fehlt im Gebirge. 9 bis 13 mm.

- CUPREUS

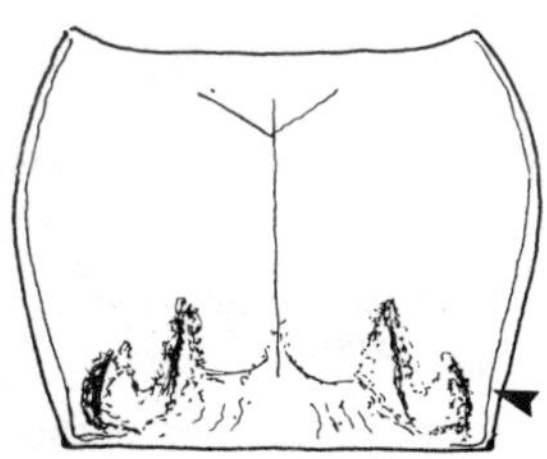

4

4 HSch nach hinten schwach konkav verengt, Hinterecken spitzwinklig (81.4). Basalgruben nur spärlich punktiert. Schwarz, mit grün-kupfrigem oder blauen Metallglanz. 10 bis 14 mm. Vor allem auf sandigem Boden.

- LEPIDUS

4* HSch nach hinten konvex verengt, Hinterecken stumpfwinklig (81.5). Basalgruben kräftiger punktiert. Schwarz, HSch kupfrig, Fld grünlich broncefarben. 10 bis 14 mm. An trockenen, spärlich bewachsenen Hängen, Schafweiden.

- KUGELANNI

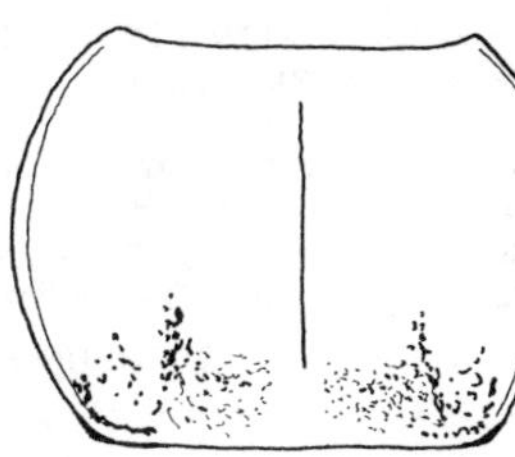

5

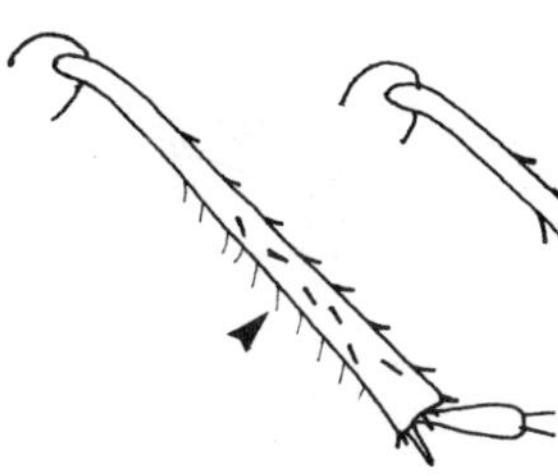

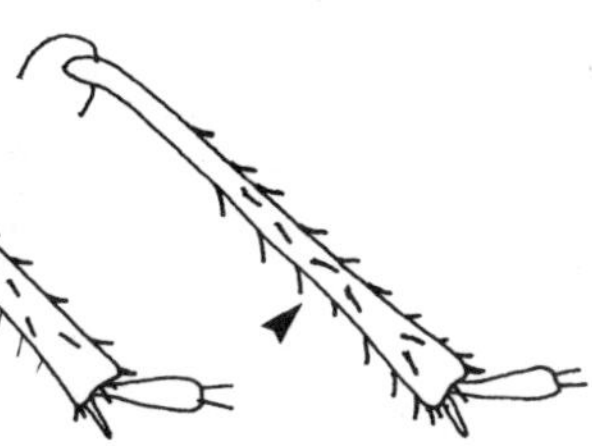

6 7

Pterostichus (Grabkäfer)

Die Gattung Pterostichus ist bei uns mit etwa 30 Arten vertreten, die nahezu alle Lebensräume -von Trockenhängen bis hin zu Gewässerufern besiedeln. Viele Arten sind vor allem montan verbreitet.
Einer der häufigsten Carabiden feuchter Wälder ist Pt.oblongopunctatus. Der auffälligste Vertreter dieser Gattung ist Pt.metallicus mit seiner fast glatten und stark metallisch glänzenden Oberseite.

1 Tarsenglieder oben längsgefurcht (82.1). Schwarz, 6 bis 7,3 mm. Sumpfgebiete, Feuchtstellen.

- VERNALIS

1* Tarsen höchstens seitlich fein gefurcht. . . . 2

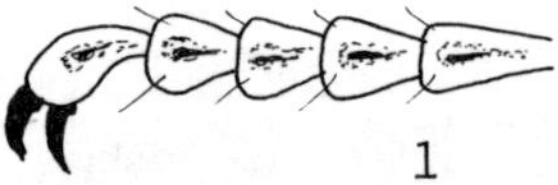

1

2 Alle Tarsenendglieder unten mit Borsten (82.2). . . . 3

2* Tarsenendglieder unten ohne Borsten (82.3). . . . 17

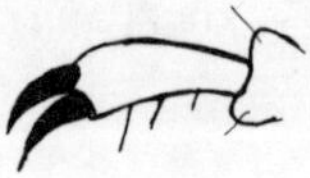

2

3 Nur der dritte FldZwischenraum mit Porenpunkten (83.1). . . . 4

3* Auch der fünfte und siebte Zwischenraum mit Porenpunkten (83.2). FldFurchen an den Punkten oft zusammenfließend. 13 bis 15 mm. Alpengebiet, an Bachufern.

- FASCIATOPUNCTATUS

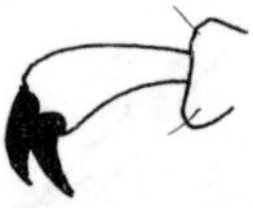

3

4 HSchHinterecken winklig oder mit kleinen Zähnchen (83.3). . . 6

4* HSchHinterecken abgerundet, 11 bis 18 mm. (83.4 83.5) . . . 5

5 Drittes FldIntervall mit meist drei Porenpunkten (83.6). Kleiner, 11 bis 15 mm. HSchBasalgruben außen ohne Längsfältchen (83.6). Vor allem in montanen, schattigen Waldgebieten.

- AETHIOPS

5* Drittes FldIntervall mit meist einem Porenpunkt (83.7). Größer, 13 bis 18 mm. HSchBasalgruben außen mit Längsfältchen (83.7). Vor allem in lichten Wäldern und sonnigen Waldrandgebieten.

- MADIDUS

1

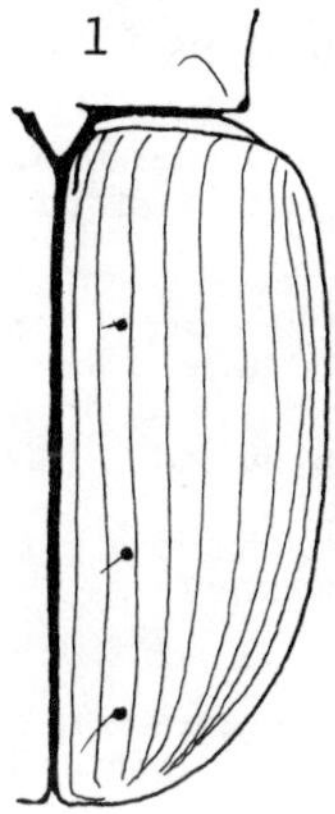

2

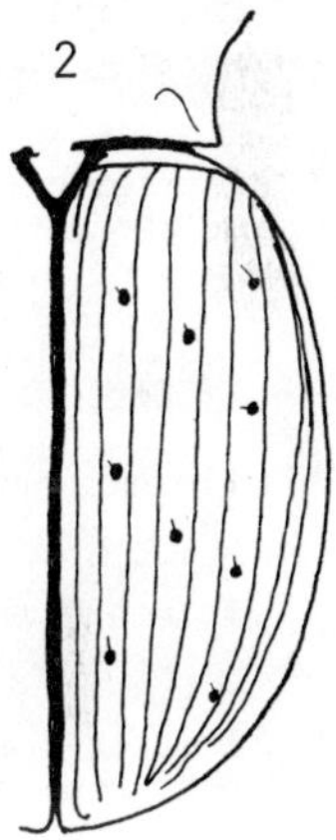

3

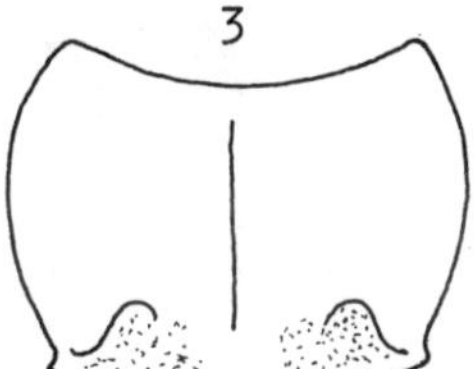

4

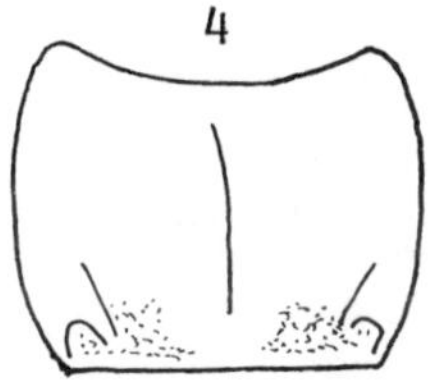

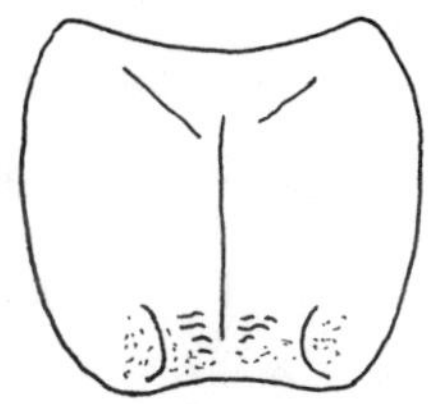

5

6

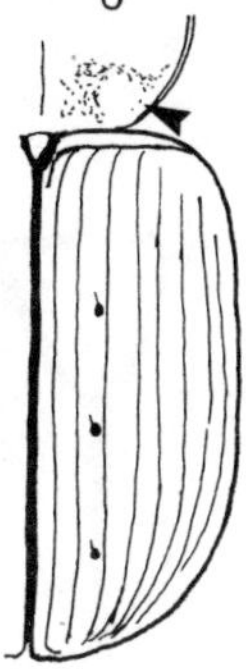

7

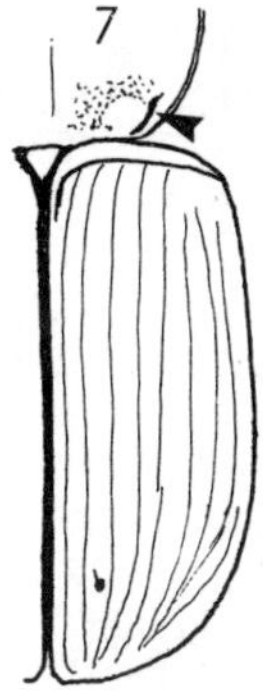

6 Oberseite stark metallisch kupfriggrün glänzend, Fld fast glatt, Furchen nur sehr fein (84.1). 12 bis 15 mm. Waldart, vor alllem im Mittelgebirge und Vorland.

- METALLICUS

6* Oberseite schwarz oder braun, höchstens leicht metallisch. FldFurchen deutlicher.

. . . 7

7 Größer, 12 bis 20 mm. . . . 8

7* Kleiner, unter 10 mm. . . . 13

8 Dritter FldZwischenraum mit meist zwei feinen Porenpunkten.

. . . 9

8* Dritter FldZwischenraum mit drei oder mehr Porenpunkten. (Montan bis alpine Arten)

. . . 10

9 HSchBasalgruben außen wulstförmig begrenzt (84.2). 13 bis 17 mm. Überall.

- MELANARIUS

9* HSchBasalgruben außen nicht wulstförmig begrenzt. 14 bis 18 mm. Bevorzugt offenes Gelände.

- MELAS

10 HSch nach hinten einfach verengt (84.3). 14 bis 16 mm. Waldart. Bei uns nur im bayrischen Alpengebiet.

- TRANSVERSALIS

10* HSch nach hinten konkav (84.4). . 11

11 FldBasis mit Porenpunkt neben dem Schildchen (85.5). . . . 12

11* FldBasis ohne solchen Porenpunkt. 12 bis 16 mm. Alpen und hohe Lagen des Schwarzwaldes.

- PANZERI

12 Äußerer HSchBasaleindruck deutlich (85.1). Durchschnittlich größer, 15 bis 19 mm. Bei uns nur im Schwarzwald.

- HAGENBACHI (4)

1
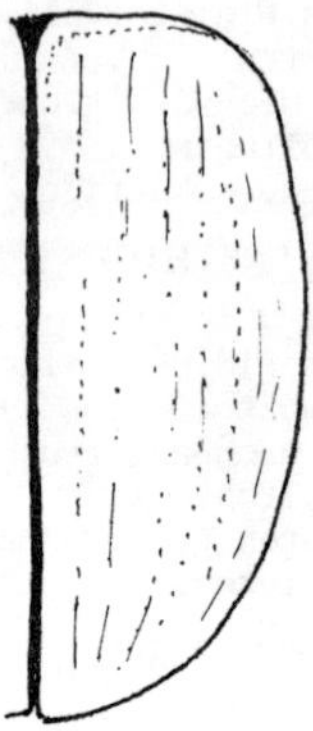

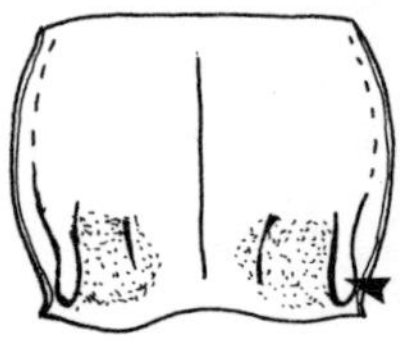
2

3
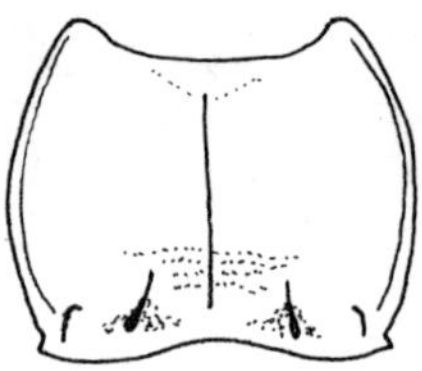

4
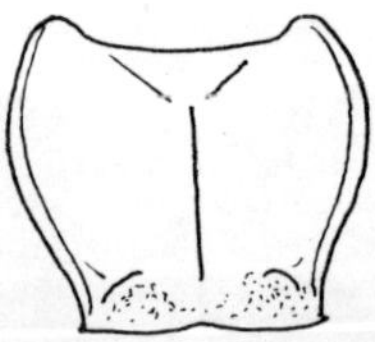

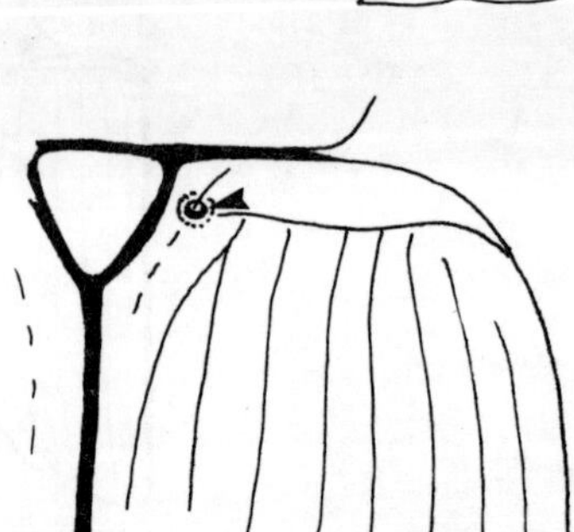
5

12* Äußerer HSchBasaleindruck undeutlich (85.2). 13 bis 16 mm. Montane Art, vor allem im Westen.

- CRISTATUS (3)

13 Scutellarstreif (verkürzter Streif neben dem Schildchen) deutlich und lang (85.3). . . . 14

13* Scutellarstreif undeutlich oder fehlend (85.4). . . . 15

14 HSch hinten konkav verengt (85.5). 5 bis 7 mm. Wälder, Waldränder, aber auch Trockenhänge.

- STRENUUS

14* HSch hinten nicht konkav verengt (85.6). 4 bis 6 mm. Feuchtigkeitsliebend, vor allem in Sumpfgebieten.

- DILIGENS

15 Sternite an der Basis quergefurcht (85.7). Dunkelbraun, Fühler und Beine heller. 6 bis 7 mm. Vor allem in Wärmegebieten.

- LONGICOLLIS

15* Sternite an der Basis ungefurcht. . . . 16

16 Kleinere Art, 4,5 bis 6 mm. Schwarzbraun, Fühler und Beine heller. Waldart, bei uns nur im Südwesten, die Nordostgrenze bildet die Rhön.

- PUMILIO

16* Größere Art, 6,3 bis 7,6 mm. Alpengebiet und Mittelgebirge Baden-Württembergs.

- UNCTULATUS

Sehr ähnlich dieser Art ist

- subsinuatus,

die alpin im Südosten Bayerns vorkommt.

17 Dritter und siebter, meist auch fünfter FldZwischenraum mit Porenpunkten (83.2). Oberseite meist kupfrig glänzend. 13 bis 15 mm. Bei uns nur alpin in Bayern.

- MULTIPUNCTATUS

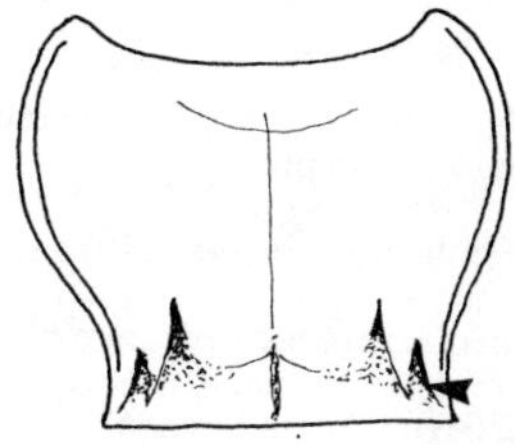

1

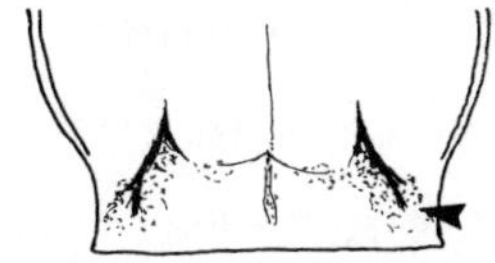

2

3

4

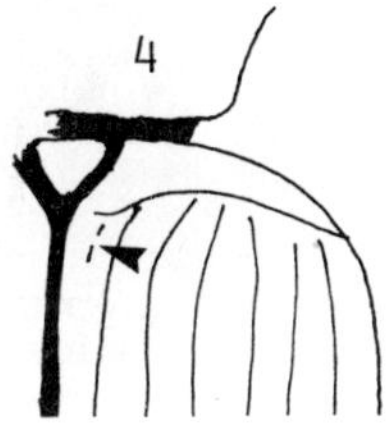

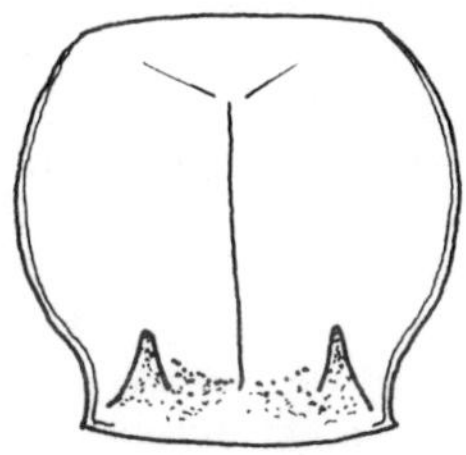

5

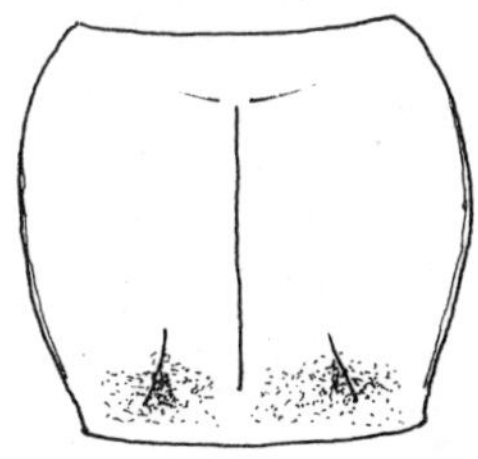

6

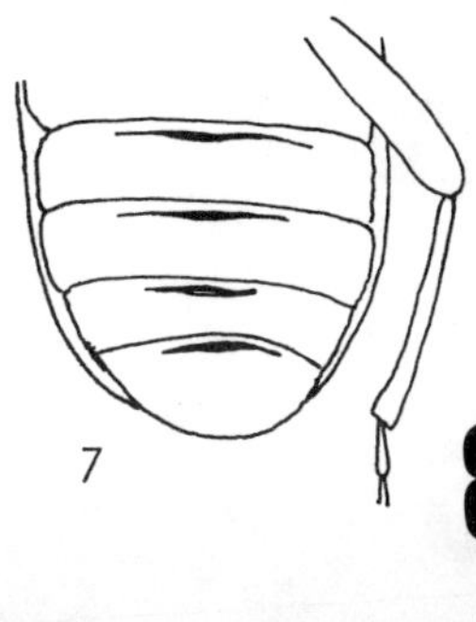

7

17* Nur dritter FldZwischenraum mit Porenpunkten. . . . 18

18 HSchHinterecken winklig. . . . 19

18* HSchHinterecken abgerundet (86.1). 12 bis 15 mm. In Sumpfgebieten und an Ufern. Nach Norden und Osten häufiger.

- ATERRIMUS

19 Kleiner, 6 bis 8,3 mm . . . 20

19* Größer, 8,5 bis 21 mm. . . . 21

20 Augen flach gewölbt, seitlich wenig vorspringend (86.3). HSch hinten winklig verengt (86.2). 6 bis 7,5 mm. Fehlt in Nordostdeutschland.

- OVOIDEUS

20* Augen stärker gewölbt, seitlich vorspringend (86.5). HSch nach hinten gebogen verengt (86.4). 6 bis 8,3 mm. In Sumpfgebieten und an Ufern.

- MINOR

21 Beine und Unterseite rotbraun. 12 bis 15 mm. Vor allem in montanen Wärmegebieten, unterirdische Lebensweise.

- MACER (3)

21* Zumindest Schenkel schwarz. . . . 22

22 Größer, 15 bis 21 mm. Schwarz. Bei uns überall, vielfach in Laubwäldern.

- NIGER

22* Kleiner, 8,5 bis 13 mm. . . . 23

23 HSch jederseits mit zwei manchmal zusammenfließenden Basalgruben (87.1).

. . . 25

23* HSch jederseits mit nur einer furchigen Basalgrube (87.2).

. . . 24

24 HSchBasis zu den Hinterwinkeln abgeschrägt (87.2). Schwarz, mit undeutlichem Metallglanz. 8 bis 11 mm.

- ANGUSTATUS

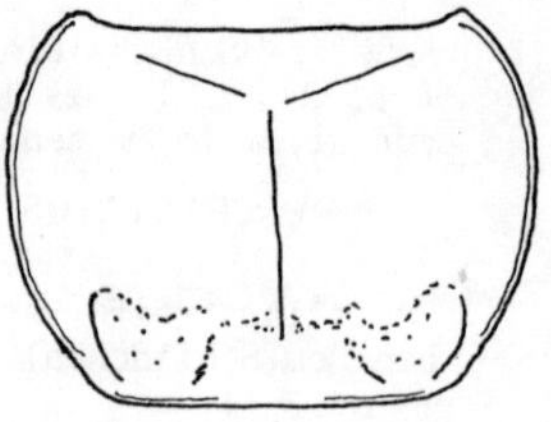

1

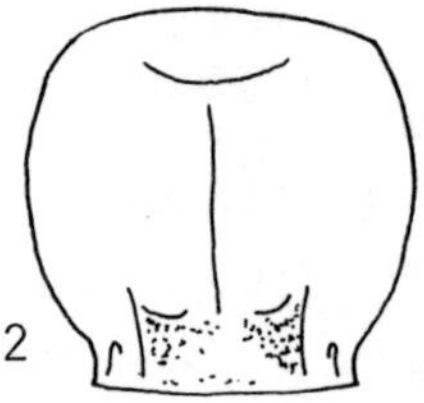

2

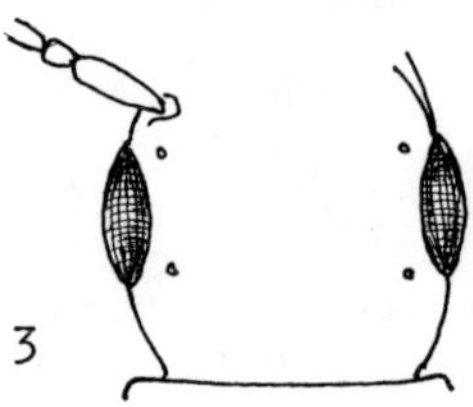

3

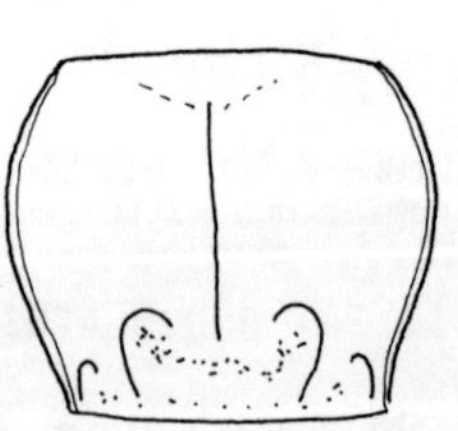

4

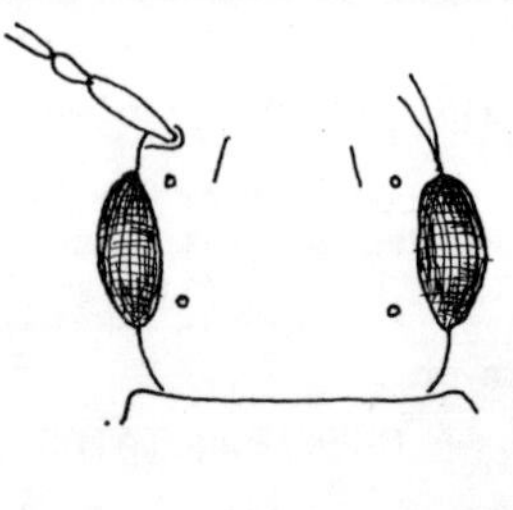

5

24* HSchBasis fast gerade (87.3).
Oberseite schwarz, meist broncegrünlich glänzend. 9 bis 12 mm.
Waldart.

- OBLONGOPUNCTATUS

25 Schwarz, Fld mit deutlichem metallisch kupfrig-grünen Glanz. 10 bis 13,5 mm. Alpine Art, bei uns nur in den Allgäuer und Bayrischen Alpen.

- JURINEI

25* Schwarz, Fld ohne Metallglanz. . . . 26

26 HSch hinten leicht konkav (87.5). . . . 27

26* HSch hinten konvex verengt (87.4). 8,5 bis 12 mm. An Feuchtstellen, Ufern und Sümpfen.

- NIGRITA

27 Kleiner, 8,5 bis 10 mm. Fühler und Beine meist großteils braun. Stehende Gewässer, Sumpfgebiete. Im Norden und Osten häufiger.

- GRACILIS

27* Größer, 10 bis 12 mm. Fühler und Beine höchstens zum Ende hin bräunlich aufgehellt. An Ufern stehender und fliessender Gewässer, Feuchtstellen.

- ANTHRACINUS

1
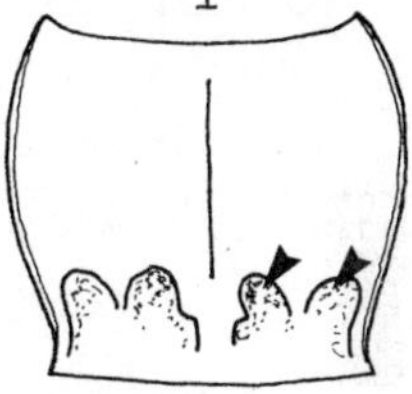

2
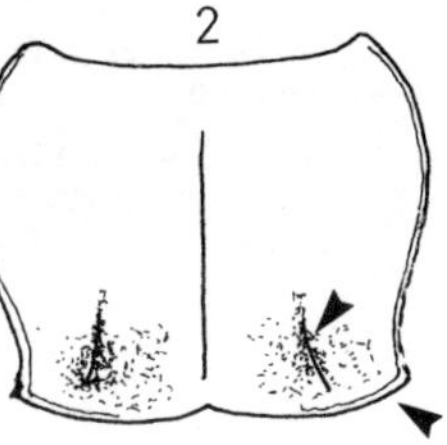

3
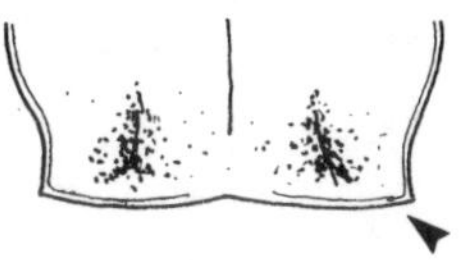

4 5
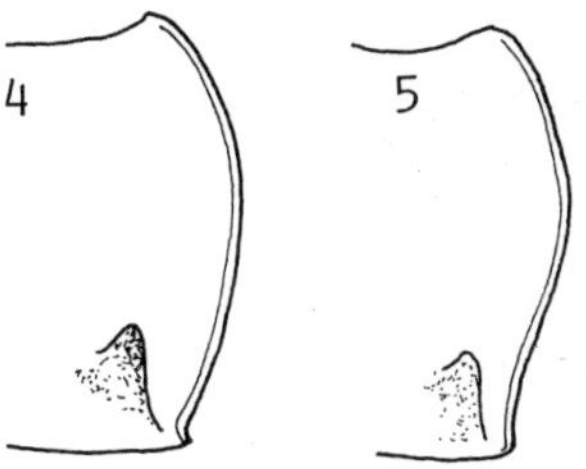

Molops

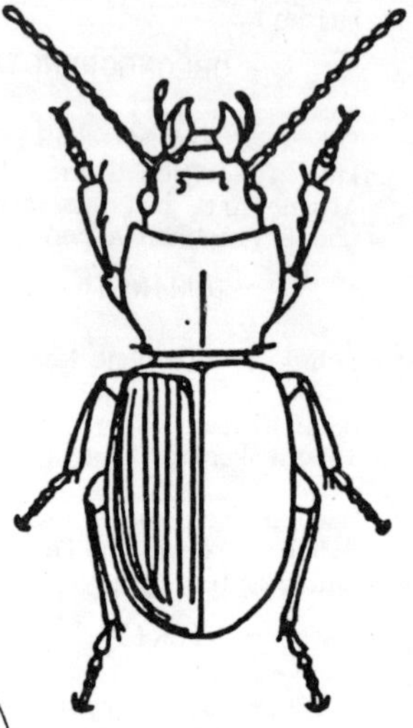

1 HSch hinten deutlich konkav verengt (88.2). Durchschnittlich kleiner, 9 bis 14 mm. Vor allem in Wäldern.

- PICEUS

1* HSch hinten konvex verengt, mit zahnförmigen Hinterecken (88.1). Durchschnittlich größer, 12 bis 18 mm. Vor allem in montanen Lagen, Wälder, Waldränder, aber auch in offenem Gelände.

- ELATUS

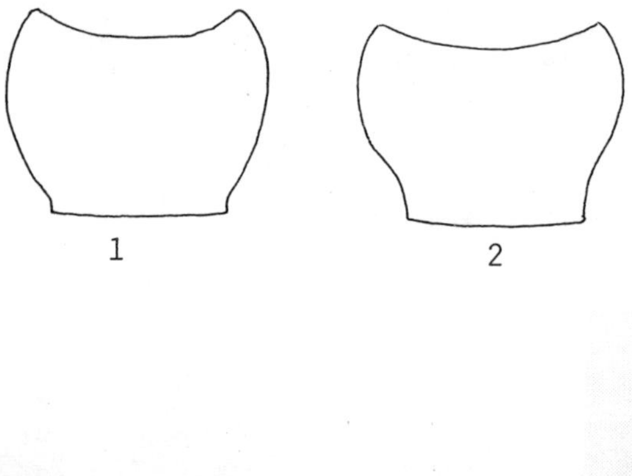

Abax (Breitkäfer)

Vier Arten dieser Gattung kommen bei uns vor -bevorzugt in Wäldern.

1 HSchBasalgruben zusammengeflossen und stark punktiert (89.1). 13 bis 18 mm. Waldart, vor allem montan im Südwesten.

- CARINATUS (3)

1* HSchBasalgruben glatt, unpunktiert. . . . 2

2 Durchschnittlich größer, 16 bis 21 mm. Tarsenendglied unten beborstet (89.2). Bevorzugt Wälder.

- ATER

2* Durchschnittlich kleiner, 11 bis 17 mm. Tarsenendglied unten ohne Borsten.

. . . 3

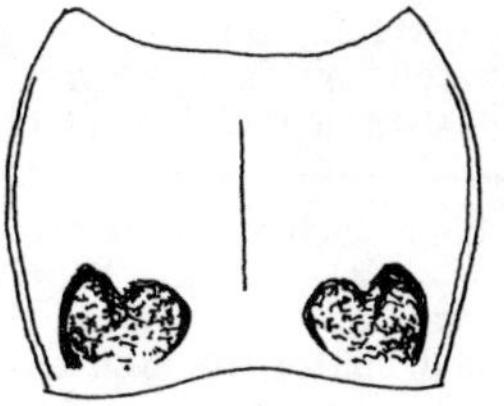
1

3 Kurzoval, durchschnittlich kleiner, 11 bis 15 mm. HSch wie (89.4). Waldart.

- OVALIS

3* Länger, durchschnittlich größer. 13 bis 17 mm. HSch wie (89.3). Waldart, aber auch in offenem Gelände.

- PARALLELUS

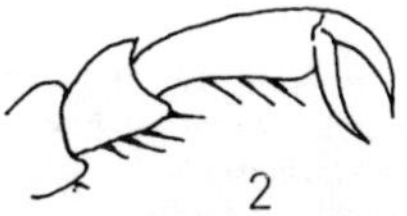
2

3

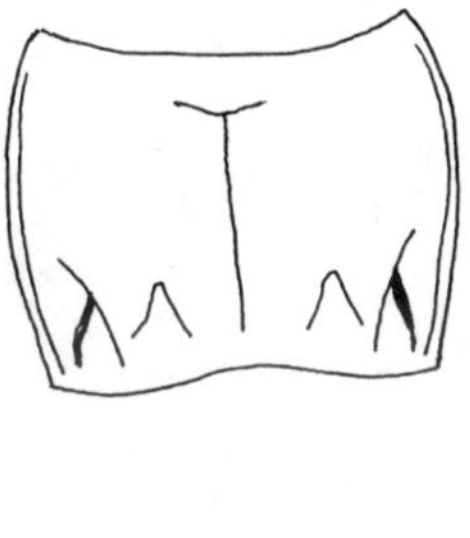

4

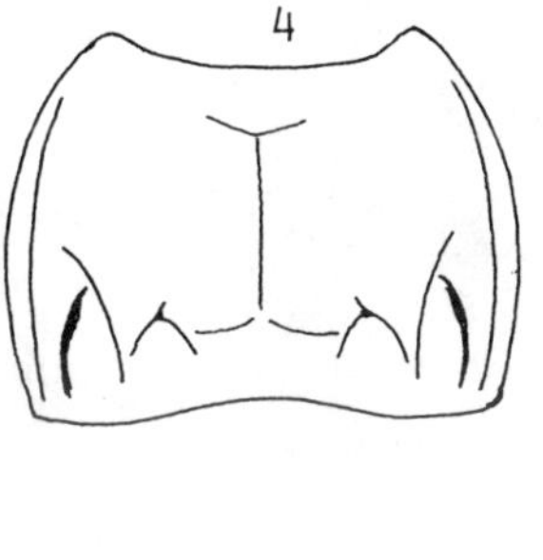

Synuchus (Scheibenhalskäfer)

6 bis 9 mm. Dunkelbraun, Fühler und Beine heller. Vor allem in offenem Gelände.

- NIVALIS

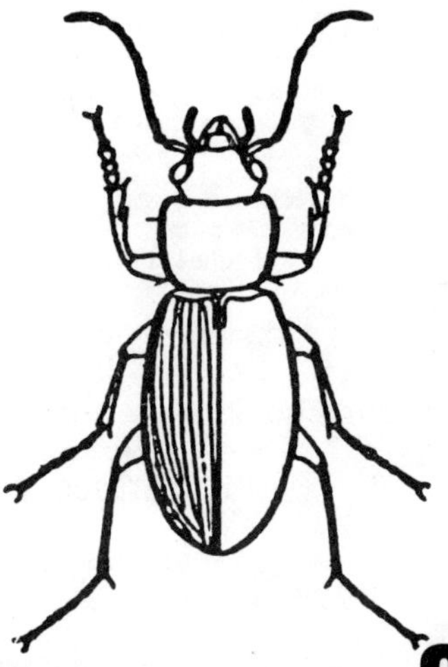

Calathus (Breithalskäfer)

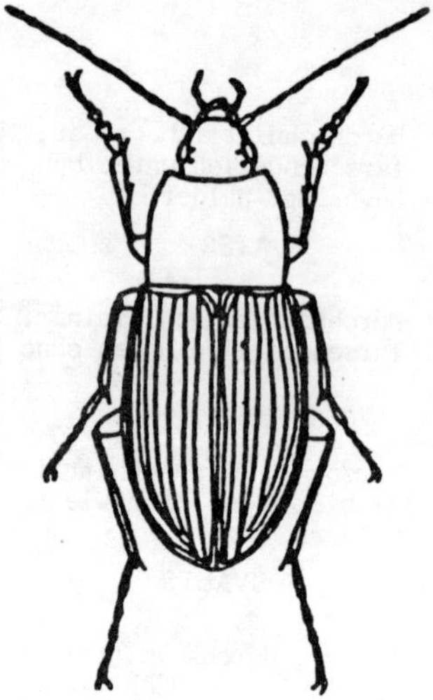

Diese Gattung ist bei uns mit sieben Arten vertreten. Auffällig ist C.melanocephalus mit seinem deutlich rötlichem Halsschild.

1 HSch nach vorne und hinten verengt (90.1), die Hinterecken fast verrundet. 9 bis 11 mm. Schwarz, Beine und Fühler rötlich aufgehellt.

- PICEUS

1* HSch nach hinten wenig verengt, die Hinterecken deutlicher (90.2). . . . 2

2 Dritter und fünfter FldZwischenraum mit mehreren Porenpunkten. Schwarz, Fühler und Beine aufgehellt. 9 bis 14 mm. Überall in offenem Gelände.

- FUSCIPES

1

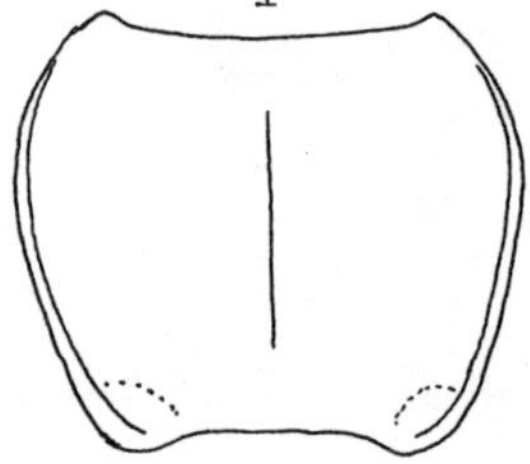

2* Nur im dritten FldZwischenraum mit Porenpunkten. . . . 3

3 HSchHinterecken fast rechtwinklig (91.1). Durchschnittlich größer, 8,5 bis 12 mm. . . . 4

3* HSchHinterecken stumpfwinkliger, gerundet (91.2). Durchschnittlich kleiner, 6 bis 9 mm. . . . 5

2

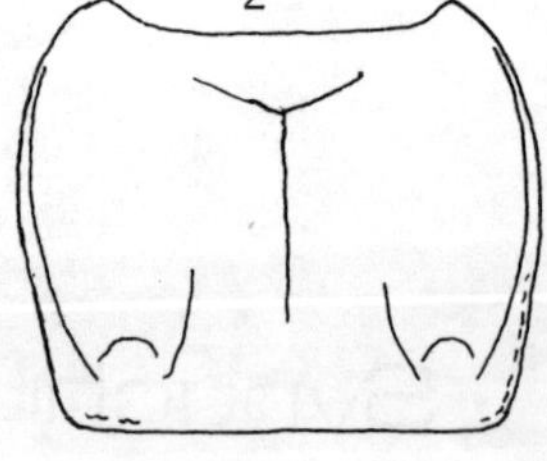

4 HSch breiter, nach vorne stark verengt (91.3). HSchSeitenrand breit aufgehellt. 9 bis 12 mm. Vor allem auf Sandboden.

- AMBIGUUS

4* HSch nicht so breit, nach vorne schwächer verengt (91.4). HSchSeitenrand nur schmal aufgehellt. 8,5 bis 12 mm. Auf offenem Gelände.

- ERRATUS

5 Oberseite schwarz, Beine und Fühler gelb. 6 bis 9 mm. Waldart.

- MICROPTERUS

5* Oberseite dunkelbraun oder HSch rot und Fld schwarz. . . . 6

6 Oberseite dunkelbraun, Fühler und Beine braungelb. 6 bis 9 mm. Bei uns nur an den Küsten der Nordsee.

- MOLLIS

6* HSch rot, Fld dunkel. 6 bis 9 mm. Häufige Art des offenen Geländes, auch auf Feldern und Äckern.

- MELANOCEPHALUS

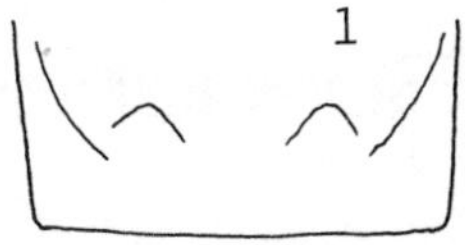

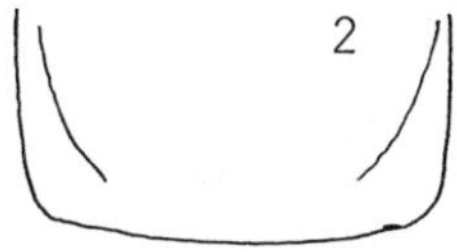

3

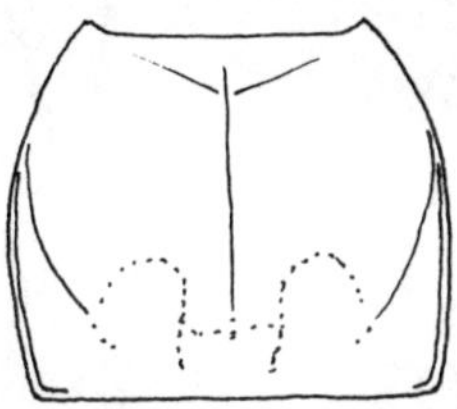

4

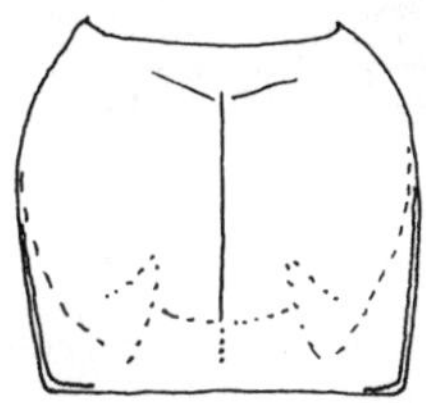

Dolichus

13 bis 19 mm. Schwarz, teilweise aufgehellt, Beine und Fühler gelbbraun. Auf Feldern unter Pflanzenabfällen.

- HALENSIS (3)

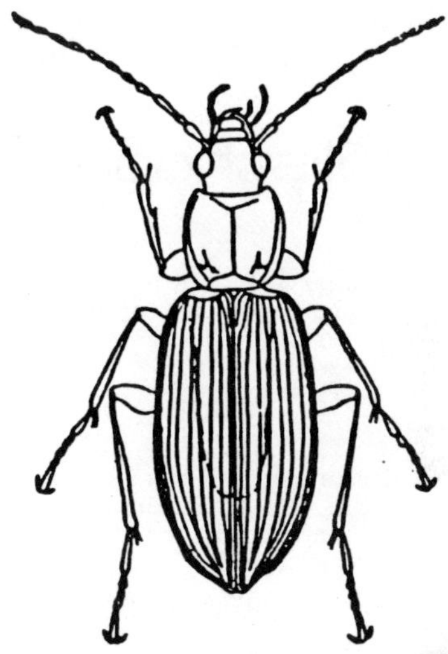

Sphodrus

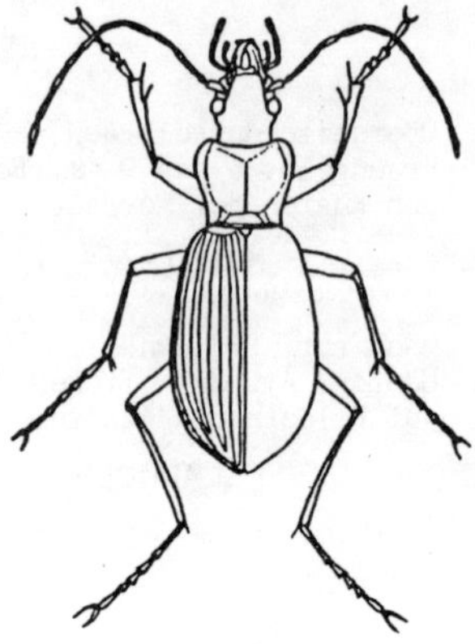

17 bis 27 mm. Schwarz.
Nur in Kellerräumen.

- LEUCOPHTHALMUS (1)

Pristonychus (Dunkelkäfer)

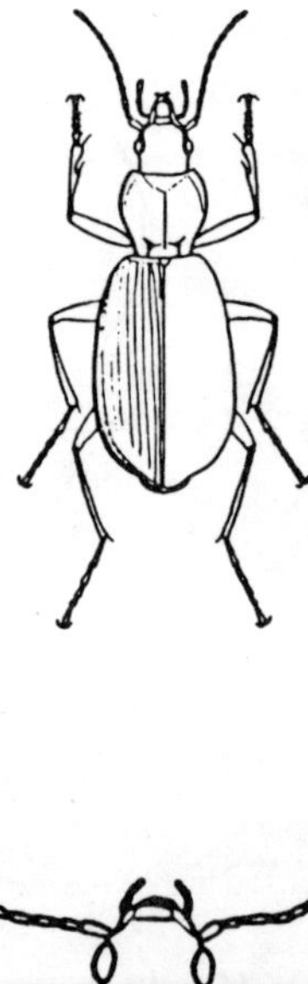

12 bis 16 mm. Schwarz mit blauem Glanz, Fühler und Beine bräunlich aufgehellt. In kleinen Höhlen und in Kellerräumen.

- TERRICOLA (3)

Olisthopus

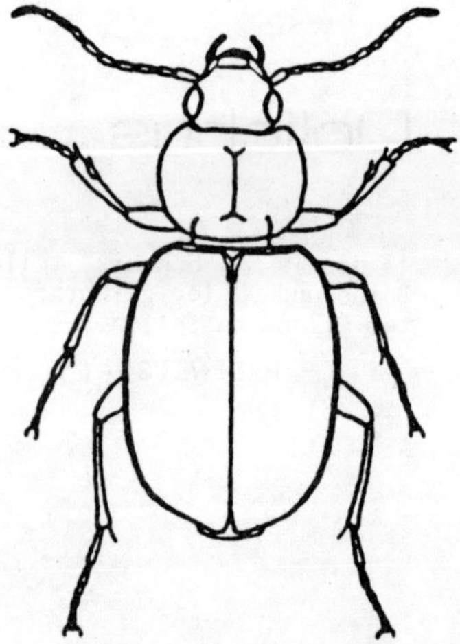

1 Kleiner Art, 4,5 bis 5,5 mm. Schwarzbraun, Beine und erstes Fühlerglied heller. Wärmeliebend, nur im Süden Deutschlands.

- STURMI (3)

1* Größere Art, 6 bis 7,5 mm. Schwarzbraun, Beine und erstes bis drittes Fühlerglied heller. Wärmeliebend, auf trockenem Sandboden.

- ROTUNDATUS

Agonum (Putzkäfer)

Über 20 Arten dieser Gattung sind bei uns heimisch. Die meisten finden sich an Gewässerufern, Feuchtstellen und Sumpfwäldern. Eine der auffälligsten Arten ist A. sexpunctatum mit rotgoldenen Flügeldecken und blaugrünem Halsschild. Diese Art findet sich vor allem auf wechselfeuchtem, stark besonntem und spärlich bewachsenem Boden.

1 Dritter FldZwischenraum mit drei bis sieben großen Punktgruben (93.1). . . . 2

1* Dritter FldZwischenraum höchstens mit feineren Porenpunkten (93.2). . . . 3

1
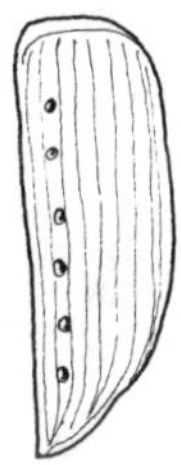
2
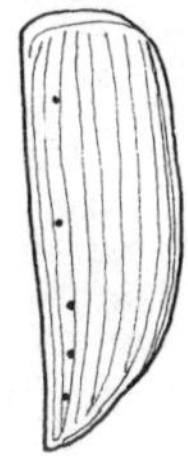

2 Größer, 8 bis 10 mm. Schwarz mit kupfrigem oder grünlichem Schimmer. An Ufern, bevorzugt sandigen Boden.

- IMPRESSUM (2)

2* Kleiner, 4,5 bis 6 mm. Schwarz, leicht kupfrig. Nach Süden und Westen seltener werdend.

- QUADRIPUNCTATUM (2)

3 Drittes Fühlerglied nur am Ende mit einigen Haaren (93.3). . . . 4

3* Drittes Fühlerglied ebenso behaart wie die nachfolgenden (93.4). . . . 16

3

4

4 Oberseite grün, manchmal leicht kupfrig. HSch und Fld mit gelbem Seitenrand. 8,5 bis 10,5 mm. Vor allem an schlammigen Ufern.

- MARGINATUM

4* HSch und Fld ohne gelben Seitenrand. . . . 5

5
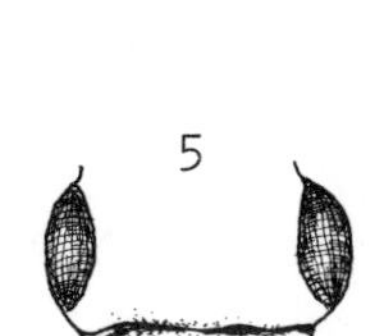

5 Kopf mit zwei rötlichen Scheitelflecken, hinter den Augen deutlich eingeschnürt (93.5). Schwarzbraun, ohne Metallglanz. 7,5 bis 10,5 mm. Vor allem an schattigen Sumpfstellen, in Auwäldern.

- LIVENS

5* Kopf ohne zwei solche Scheitelflecke, oben nicht deutlich eingeschnürt (94.1).

. . . 6

6 HSchBasalgruben stark punktiert oder gerunzelt (94.2). Meist sehr stark metallisch.

. . . 7

6* HSchBasalgruben höchstens sehr fein punktiert oder leicht gerunzelt (94.3). Meist weniger metallisch.

. . . 9

7 Hinterschenkelunterseite hinten mit nur zwei Borsten (94.5). Kleine Art, meist nur 6 bis 6,5 mm. Nur in erdgeschichtlich alten Mooren.

- ERICETI (1)

7* Hinterschenkelunterseite hinten mit drei Borsten (94.4). Arten von 7 bis 10,5 mm.

. . . 8

8 HSch und Kopf meist metallisch blaugrün. Fld meist kupfrig rot mit grünen Rändern. Fld stark glänzend. 7 bis 9 mm. Vor allem auf wechselfeuchtem, stark besonnten Boden.

- SEXPUNCTATUM

8* Färbung meist umgekehrt, Fld grün und Halsschild kupfrig. Fld matt, nur wenig glänzend. 8 bis 10,5 mm. Vor allem an Sumpfstellen.

- VIRIDICUPREUM (2)

9 Klauenglied der Hintertarsen ohne Klauen mindestens so lang wie die beiden vorhergehenden Glieder zusammen (94.6).

. . . 10

9* Klauenglied der Hintertarsen ohne Klauen deutlich kürzer als die beiden vorhergehenden Glieder zusammen (94.7). Braunschwarz, meist leicht kupfrig. 6,5 bis 9 mm. Nach Südwesten selten werdend.

- GRACILIPES (3)

1

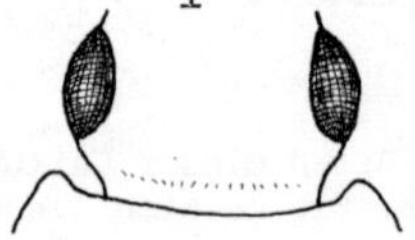

2

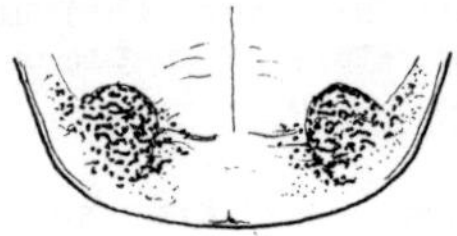

3

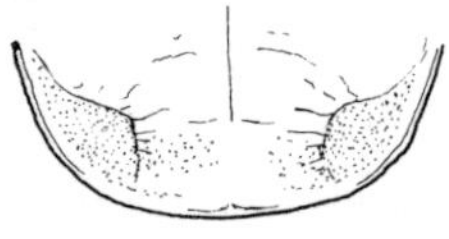

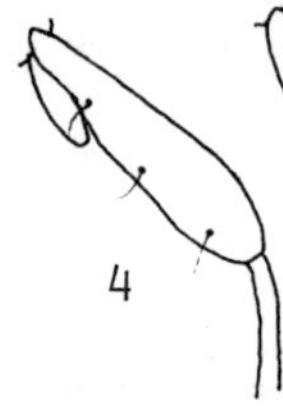

4

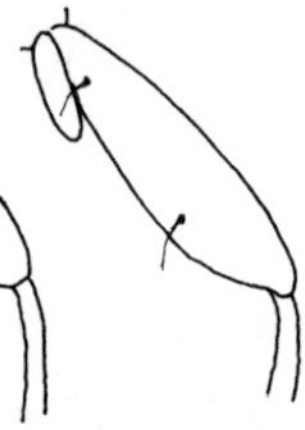

5

6

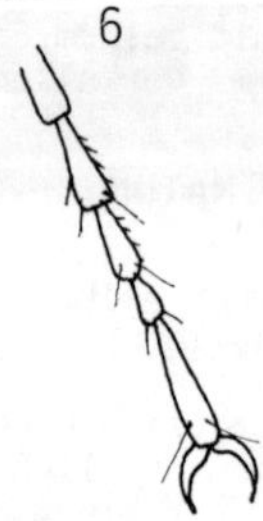

7

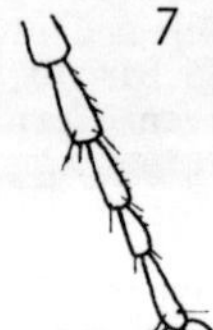

10 Fld schwarz, höchstens mit schwachem, blaugrünen Metallglanz, dann aber Beine ganz schwarz. . . . 12

10* Fld dunkel, mit deutlichem (manchmal schwachem) kupfrigem Metallglanz. Zumindest die Schienen leicht aufgehellt. . . . 11

11 HSchHinterecken verundet (95.1). Meist stärker metallisch, Schienen meist stärker aufgehellt. 7 bis 9 mm. Überall.

- MÜLLERI

11* HSchHinterecken stumpfwinklig (95.2). Meist schwach metallisch, Schienen wenig aufgehellt. 6,5 bis 8,5 mm. An Gewässerufern.

- DOLENS (3)

12 Alle fünf Hintertarsenglieder zumindest an der Basis gekielt (95.3). 7,5 bis 10 mm. Mattschwarz, selten bräunlich. Sehr vereinzelt an Feuchtstellen mit dichtem Bewuchs und in Sumpfwäldern.

- LUGENS (3)

12* Höchstens die ersten drei Hintertarsenglieder oben gekielt. . . . 13

13 HSchBasalgruben mit vertiefter Längsfurche (95.4). Augen sehr groß. 7 bis 8 mm. Nach Osten hin fehlend.

- NIGRUM

13* HSchBasalgruben ohne vertiefte Längsfurche (95.1). Augen nicht auffallend groß. . . . 14

14 Erstes Fühlerglied deutlich heller als die folgenden, auch die Schienen und Tarsen aufgehellt. 7 bis 8,5 mm. An Ufern und Sumpfstellen.

- VERSUTUM

14* Erstes Fühlerglied nicht aufgehellt. . . . 15

1

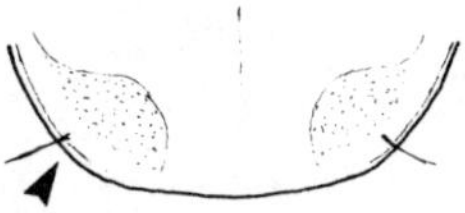

2

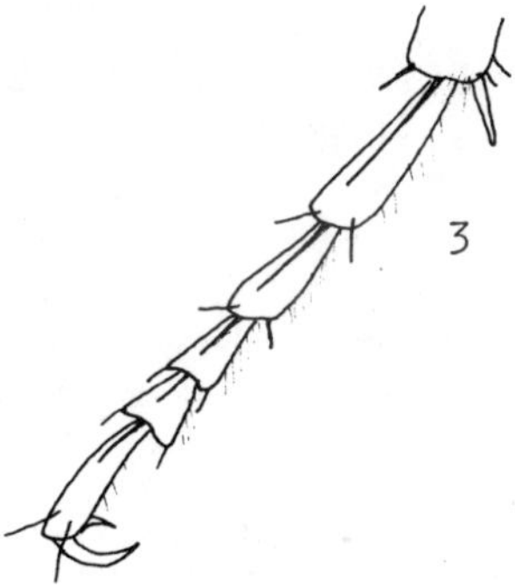

3

4

15 (Hierher zwei nur sehr schwer nach äußeren Merkmalen abzu - grenzende Arten)

Immer schwarz, ohne grünlich-blauen Metallglanz. Der mittlere FldPorenpunkt meist der dritten FldFurche genähert. 8 bis 9,5 mm. An Feuchtstellen, Riedgebieten und Gewässerufern mit dichtem Bewuchs

- MOESTUM

15* Schwarz, meist mit grünlich-blauem Metallschimmer. Der mittlere FldPorenpunkt meist der zweiten FldFurche ge - nähert. 7 bis 9 mm. Wie obige Art, oft mit dieser zusammen.

- VIDUUM

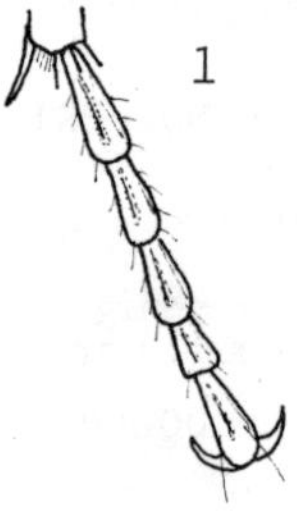
1

16 Alle Tarsenglieder auch oben längsgefurcht (96.1). HSch gestreckt. Schwarzbraun, meist mit dunklerem Kopf und helleren Beinen. 6,5 bis 8 mm. Vor allem an vegetationsreichen Ufern und Sümpfen.

- THOREYI

16* Tarsenglieder höchstens seitlich längsgefurcht. . . . 17

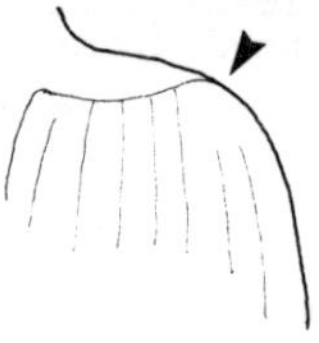
2

17 Der FldSeitenrand geht an der Schulter in flachem Bogen in den Vorderrand über (96.2). . . . 18

17* HSchSeiten- und Vorderrand bilden an der Schulter einen leichten Winkel (96.3). . . . 20

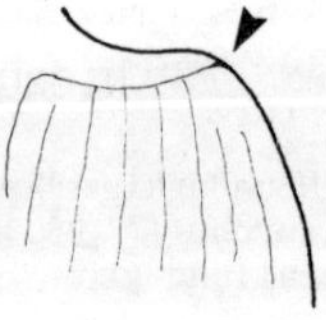
3

18 Kleinste Art, 5 bis 6 mm. HSch nach hinten recht schwach verengt. Glänzend schwarz, oft mit leichtem Metallglanz. Nur in den Mooren Nord- und Mitteldeutschlands.

- MUNSTERI (2)

18* Größer, 6,2 bis 7,5 mm. HSch nach hinten stärker verengt. . . . 19

19 Erstes Fühlerglied deutlich heller als die folgenden. Beine braun. 6,2 bis 7,5 mm. Uferart.

- MICANS

19* Erstes Fühlerglied nicht deutlich heller als die folgenden. Beine schwarz, höchstens gegen Ende aufgehellt. An Sumpfstellen, nur im Nordwesten.

- SCITULUM

20 Zumindest die meist bräunlichen Fld mit schwachem Metallglanz. Fühler und Beine bräunlich. Abgesetzter HSchSeitenrand nach hinten verbreitert (97.1). 5,5 bis 7 mm. An Sumpfstellen, nach Süden und Westen seltener.

- PICEUM

20* Oberseite ohne Metallglanz. . . . 21

21 Schwarz, höchstens Beine gegen Ende leicht aufgehellt. Fld glänzend. HSchSeitenrand nach hinten nicht verbreitert (97.2). 6 bis 7 mm. Sonnige Feuchtstellen, vor allem in Mooren.

- GRACILE

21* Beine und Fühler, oft auch Fld, bräunlich. 6 bis 7 mm. Feuchtstellen, vor allem in Sumpfwäldern.

- FULIGINOSUM

1

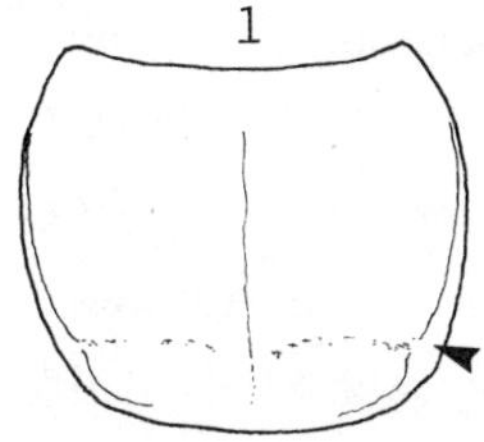

2

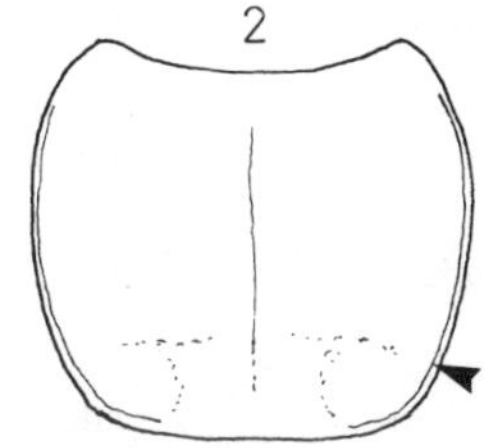

Platynus

Acht Arten dieser Gattung sind bei uns heimisch. Zu ihnen gehört einer unserer häufigsten Carabiden überhaupt, P.assimilis, eine typische Waldart. Eine schöne, bunt gefärbte Art, P.dorsalis, findet man oft kolonieweise unter Steinen an Feldrändern.

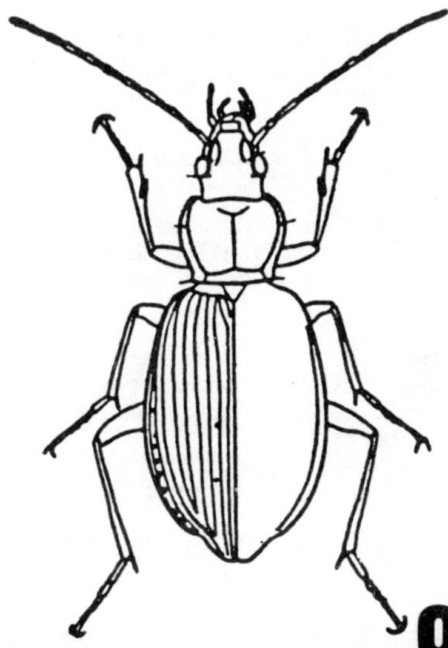

1 Ganzer Körper schwarz oder braun, manchmal Beine hell. . . . 3

1* Oberseite metallisch blau oder Fld zweifarbig (Gelbbraun - blau). . . . 2

2 HSch grünblau metallisch, Fld zweifarbig (gelbbraun - blau) (98.1). Kleiner, 5,5 bis 7,5 mm. In offenem Gelände.

- DORSALIS

2* Oberseite leuchtend blau metallisch. Größer, 9 bis 11 mm. An Flußufern, bei uns nur in Südbayern.

- CYANEUS (4)

3 Kleiner, 4,5 bis 9 mm. . . . 4

3* Größer, 9,5 bis 14 mm. . . . 5

4 Kleinere Art, 4,5 bis 6 mm. Dunkelbraun, Fühler und Beine heller. In Sumpfgebieten, vor allem in Auwäldern.

- OBSCURUS

4* Größere Art, 7 bis 9 mm. Braun oder schwarz, Fühler und Beine hell. An Ufern stehender und fließender Gewässer.

- RUFICORNIS

5 HSch und Fld dunkelbraun. Durchschnittlich kleiner, 9 bis 11 mm. An schattigen Gewässerufern. Bei uns nur montan in Südostbayern.

- SCROBICULATUS

5* HSch und Fld schwarz, höchstens die Ränder aufgehellt. Durchschnittlich größer, 10 bis 14 mm. . . . 6

6 HSch nach hinten konkav geschwungen (98.2). Schwarz, manchmal Fühler und Beine aufgehellt. 10 bis 12 mm. Waldart, überall.

- ASSIMILES

6* HSch nach hinten fast gerade verengt (98.3). . . . 7

1

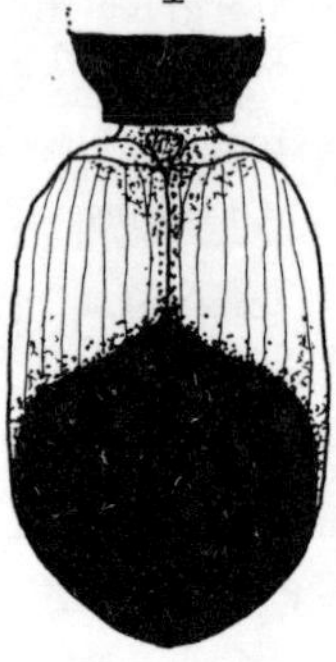

2

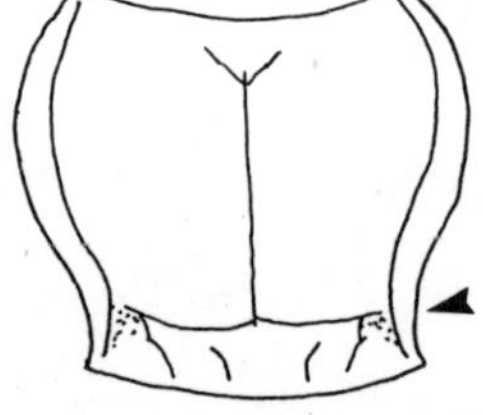

3

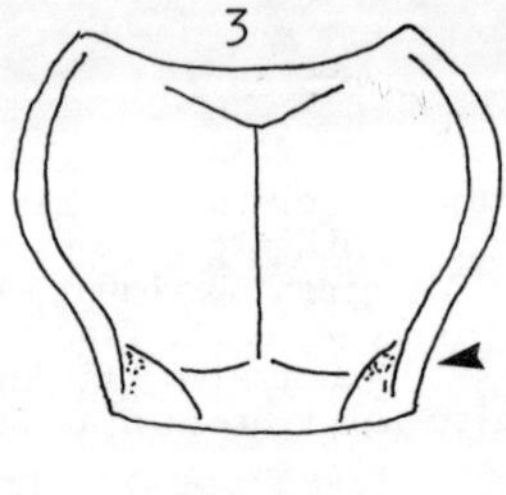

7 Durchschnittlich kleiner, 10,5 bis 12 mm. Schwarz, Fühler und Beine kaum aufgehellt. Osteuropäische Art, westlich bis zur Elbe.

- KRYNICKII

7* Durchschnittlich größer, 12 bis 14 mm. Schwarz, Seitenränder und Beine braun aufgehellt. Bei uns hauptsächlich im Nordosten.

- LONGIVENTRIS (3)

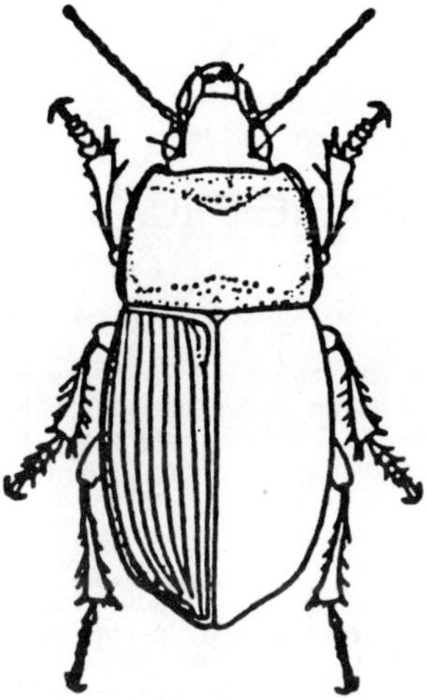

Zabrus

Schwarz. 12 bis 15 mm. Bei uns nur in der Ebene. Larven fressen an Getreidepflanzen, durch chemische Bekämpfung ist bei uns die Art sehr selten geworden. (Getreidelaufkäfer)

- TENEBRIOIDES (2)

Amara (Kanalkäfer)

Die Gattung Amara ist bei uns mit etwa 60 Arten vertreten. Diese sind teilweise sehr schwer, oft nur anhand der Genitalien zu unterscheiden.
Auf eine Artbestimmungstabelle haben wir daher im Rahmen diese Schlüssels verzichtet.

Die Arten bevorzugen sonniges Gelände, ei-

-nige kommen sehr häufig auf Äckern vor. Durch die typische ovale Gestalt sind sie leicht kenntlich. nur wenige Arten haben einen nicht so geschlossenen Körperumriss. 4 bis 15 mm.
Die Arten ernähren sich teilweise phytophag und sind dabei nicht selten auch in den Fruchtständen verschiedener Pflanzen zu finden.

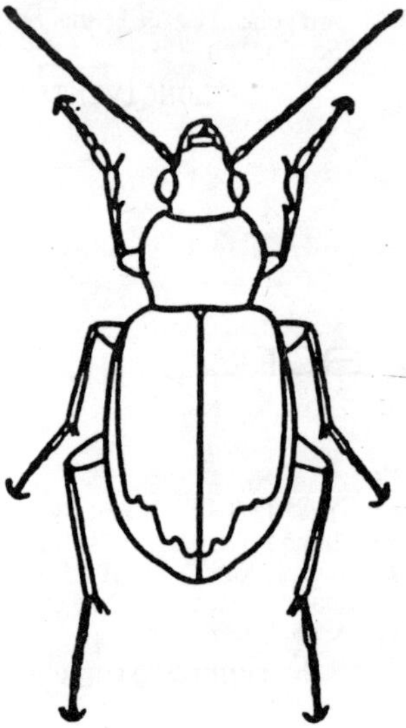

Chlaenius (Grünkäfer)

Diese Gattung ist bei uns mit acht Arten vertreten.
Die meisten sind metallisch grün gefärbt und daran, sowie an ihrer Behaarung leicht kenntlich. Man findet sie hauptsächlich auf wechselfeuchtem Boden in Gewässernähe.

1 Stark metallisch glänzend, grün oder grün-kupfrig. . . . 3

1* Schwarz, höchstens Kopf schwach kupfrig. . . . 2

2 Größere Art, 13 bis 14 mm. Schwarz. HSch nur schwach nach hinten verengt. Vor allem in Sumpfgebieten.

- SULCICOLLIS (1)

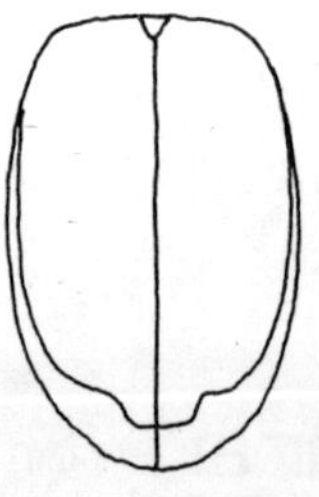

1

2* Kleinere Art, 10 bis 13 mm. Schwarz, Kopf schwach kupfrig. HSch nach hinten stärker verengt. An sandigen Gewässerufern.

- TRISTIS (3)

3 Fld grün metallisch, mit gelbem Seitenrand. Beine gelblich. . . . 4

3* Fld ohne gelben Seitenrand. Beine meist teilweise geschwärzt oder rötlich. . . . 6

4 Größer, 13 bis 17,5 mm. Grün metallisch. Nur im Rheinland, an Gewässerufern.

- VELUTINUS (2)

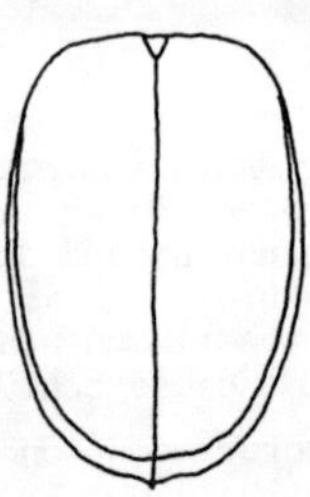

2

4* Kleiner, 8,5 bis 12 mm. . . . 5

5 Gelber FldSeitenrand zur Spitze hin stark verbreitert (100.1). Metallisch grün. 8,5 bis 11 mm. Vor allem an Feuchtstellen.

- VESTITUS

5* Gelber FldSeitenrand zur Spitze hin kaum verbreitert (100.2). Metallisch grün. 10 bis 12 mm. Früher im Rheinland und in Hessen, neuere Funde stehen noch aus.

- VARIEGATUS (1)

1

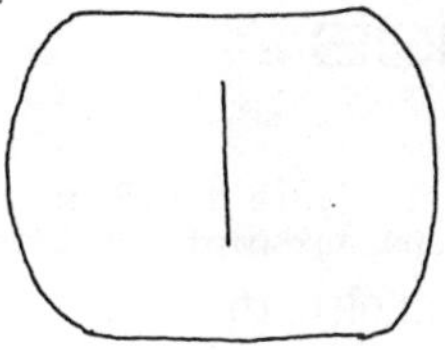

2

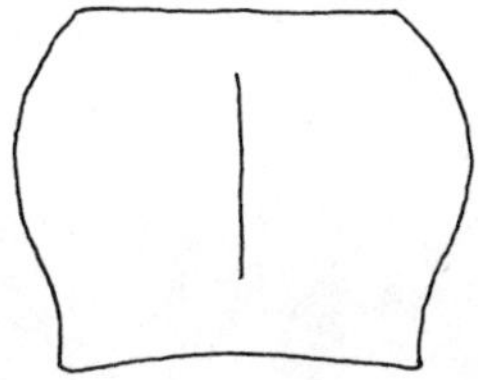

6 Erstes bis drittes Fühlerglied und die Beine ganz gelbrot. Grün kupfrig metallisch, seltener bläulich. 10 bis 12,5 mm. Bevorzugt feuchte und besonnte Lehmböden.

- NITIDULUS

6* Entweder Beine umfangreich geschwärzt oder bereits das zweite Fühlerglied angedunkelt.

. . . 7

7 Halsschild nach hinten konvex, Hinterecken gerundet (101.1). Grün metallisch, HSch meist kupfrig. 9,5 bis 12,5 mm. Vor allem an vegetationsreichen Feuchtstellen.

- NIGRICORNIS

7* Halsschild nach hinten leicht konkav, Hinterecken winklig (101.2). Grün, HSch kupfrig oder violett. 10 bis 12,5 mm. An sandigen Feuchtstellen.

- TIBIALIS

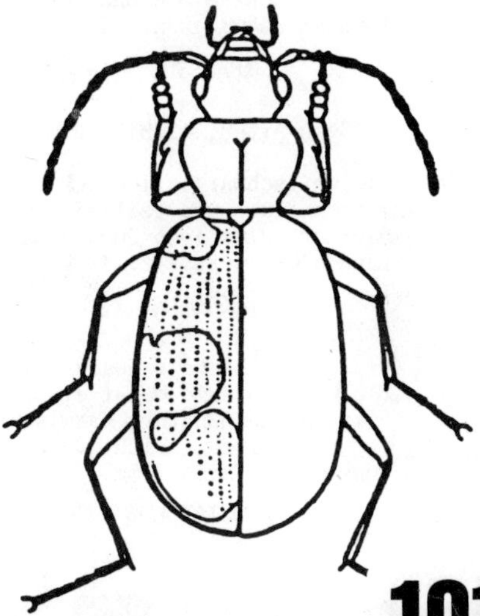

Callistus (Mondfleck)

Kopf blau metallisch, HSch gelbrot. Fld braungelb mit blauen Flecken. 4 bis 7 mm. Wärmeliebend, bevorzugt Kalkböden. Nach Norden hin fehlend.

- LUNATUS (3)

Oodes

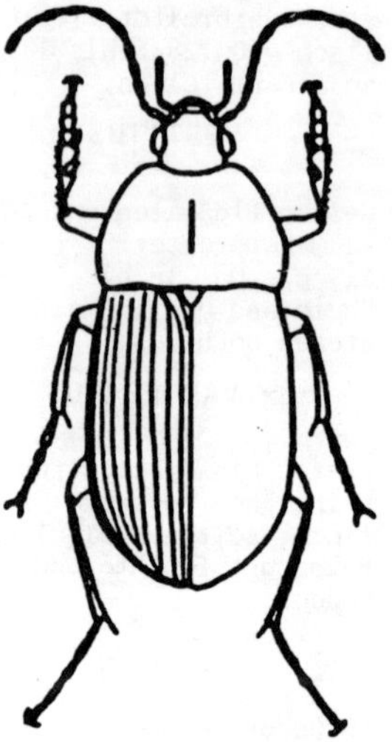

Mattschwarz, 7,5 bis 9,5 mm. In Sumpfgebieten und an sumpfigen Ufern.

- HELOPIOIDES

Licinus

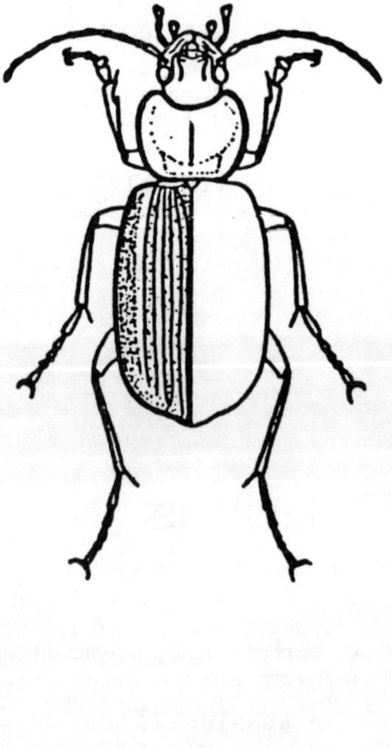

Von dieser Gattung kommen bei uns drei Arten vor, alle sind sehr selten. Man findet die Käfer vor allem an Wärmestellen; aus vielen Gebieten Deutschlands liegen nur alte Meldungen vor.

1 Kleinere Art, 8 bis 11,5 mm. Fld mit feinen Punktreihen und unregelmäßiger Punktur dazwischen.

- DEPRESSUS

1* Größere Arten, 12 bis 18 mm. . . . 2

2 Fld mattschwarz, ziemlich eben. Punktreihen flach und teilweise undeutlich, die unregelmäßigen Punkte dazwischen sind nicht vertieft. 12 bis 18 mm.

- CASSIDEUS (2)

2* Fld fettglänzend schwarz, einzelne FldZwischenräume meist etwas erhöht. Feine Reihenpunktur, dazwischen mit unregelmäßigen, leicht vertieften Punkten. 13 bis 17 mm.

- PUNCTATULUS (2)

Badister

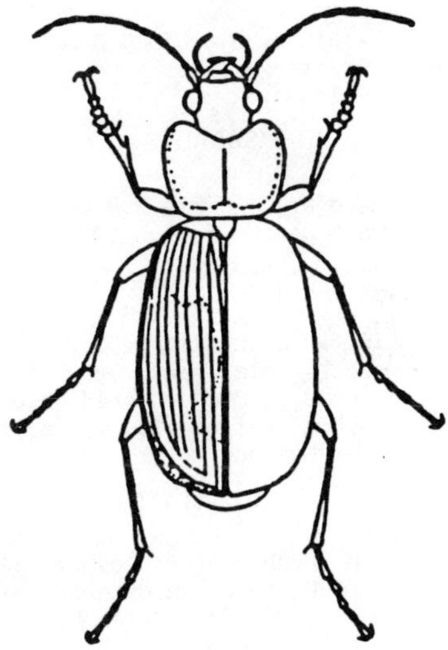

Diese Gattung ist bei uns mit acht Arten vertreten. Einige sind typische Sumpfbewohner. An ihren beißzangenartigen Oberkiefern sind die Käfer leicht kenntlich.

1 HSch braunschwarz, Seitenrand aufgehellt.

. . . 5

1* HSch und Fld rötlich, letztere mit schwarzer Zeichnung. . . . 2

2 Durchschnittlich größer, 7 bis 8,5 mm. Kopf sehr groß und breit (103.1). An Waldtümpeln.

- UNIPUSTULATUS

2* Durchschnittlich kleiner, 4,5 bis 7 mm. Kopf kleiner und schmäler (103.2).

. . . 3

3 Kleinere Art, 4,5 bis 6 mm. FldZeichnung vorn bogig gerundet (103.3). Fld wenig gewölbt.

- BIPUSTULATUS

3* Durchschnittlich größer, 5 bis 7 mm. Fld gewölbter.

. . . 4

4 FldZeichnung vorn gerade (103.4). 5 bis 7 mm.

- LACERTOSUS

4* FldZeichnung vorn bogiger (103.5). 5 bis 7 mm.

- MERIDIONALIS

5 Fld braunschwarz, teilweise Naht und Seitenränder aufgehellt.

. . . 7

5* Fld mit gelbem Schulterfleck (103.6). Auch die Naht aufgehellt.

. . . 6

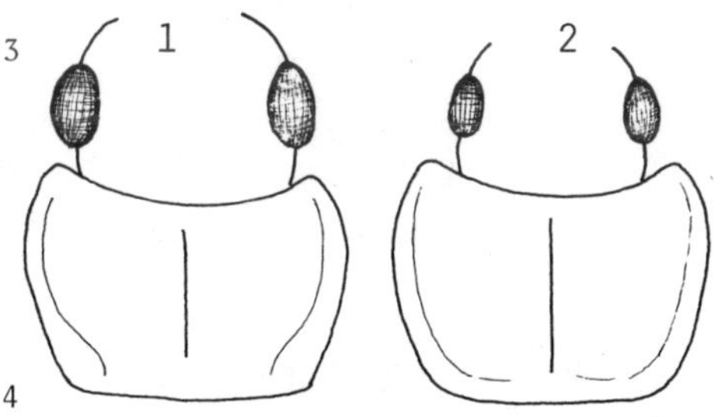

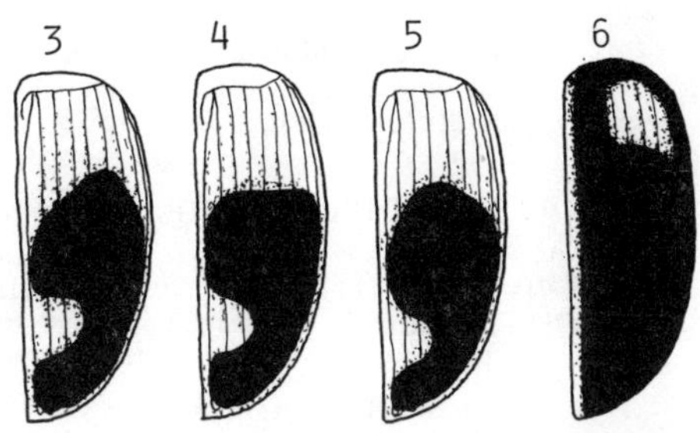

6 Kleiner, 3,5 bis 4,6 mm. HSch deutlich breiter als der Kopf. In sumpfigem Gelände.

- SODALIS

6* Größer, 4,8 bis 5,9 mm. HSch kaum breiter als der Kopf. Fehlt im Süden.

- DORSIGER (3)

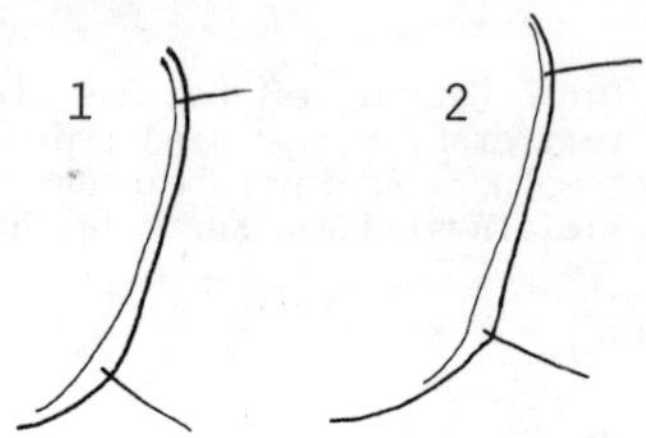

7 Im Durchschnitt größer, 5 bis 6 mm. HSch hinten ganz verundet (104.1). Schwarz, HSch und FldSeitenränder nur schmal aufgehellt. Vor allem in sumpfigem Gelände.

- DILATATUS

7* Im Durchschnitt kleiner, 4 bis 5.4 mm. HSchHinterecken erkennbar (104.2). Schwarzbraun, Seiten breiter aufgehellt. In sumpfigem Gelände.

- PELTATUS

Sehr ähnlich dieser Art ist

- anomalus, (3)

die sehr selten in Norddeutschland vorkommen soll. Sie läßt sich nur durch Genitalpräparation sicher von obiger trennen.

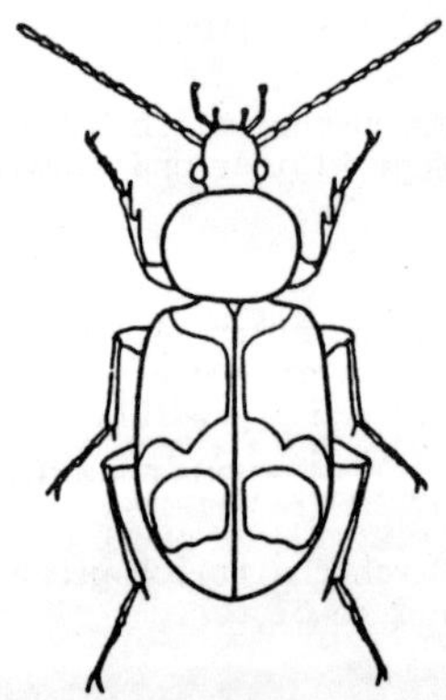

Panagaeus (Scheukäfer)

1 Durchschnittlich kleiner, 6,5 bis 7,5 mm. HSch doppelt punktiert (grob und fein), rundlich (104.3). Mehr in trockenerem Gelände.

- BIPUSTULATUS

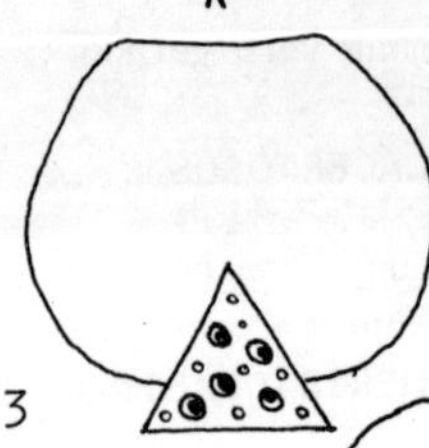

3

1* Durchschnittlich größer, 7,3 bis 9 mm. HSch einfach punktiert, breit oval (104.4). Mehr in feuchterem Gelände.

- CRUX-MAJOR

4

Odacantha

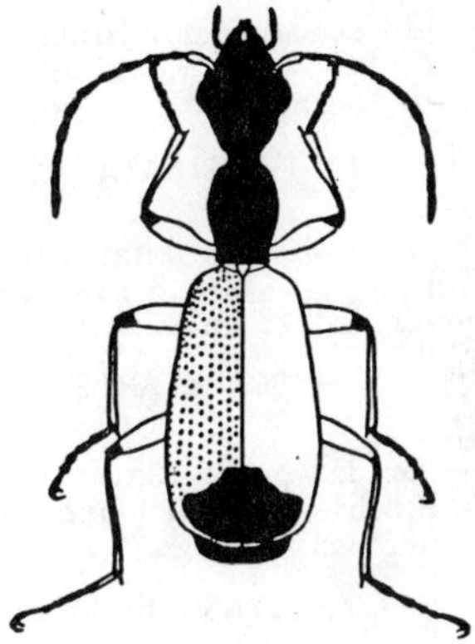

Kopf und HSch grünblau metallisch, Fld rotgelb, mit schwarzem Endfleck. In Schilfzonen, oft an Gewässerufern. 6 bis 8 mm.

- MELANURA

Masoreus

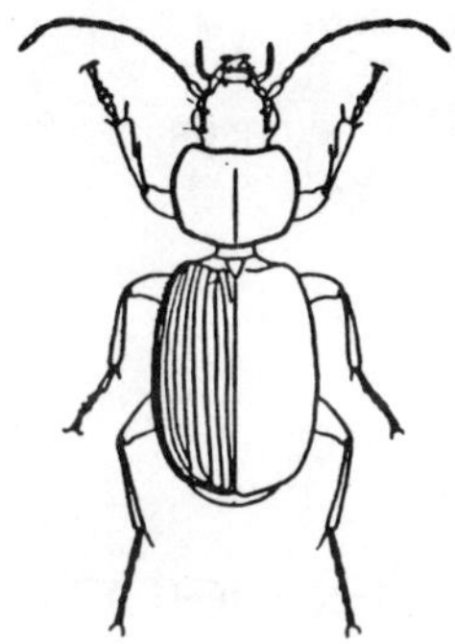

Schwarzbraun, Fühler, Beine und Schultern aufgehellt. 4,5 bis 8 mm. In Sandgebieten, vor allem in Küstendünen. Nach Süden hin sehr selten werdend.

- WETTERHALLI (3)

Lebia (Prunkkäfer)

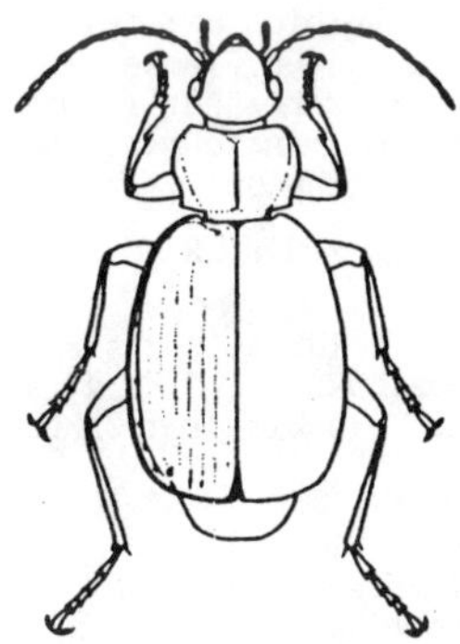

Die fünf bei uns vorkommenden -und meist bunten Arten dieser Gattung findet man vornehmlich an soonigen Waldrändern auf Gebüsch.

1 Fld zweifarbig gezeichnet, rotgelb und schwarz. . . . 2

1* Fld einfarbig metallisch. . . . 4

2 Kleiner, 3,5 bis 5,5 mm. Fühler und Beine ganz gelbrot. . . . 3

2* Größer, 5,5 bis 7,5 mm. Zumindest Fühler ab dem fünften Glied geschwärzt. Fld-Zeichnung siehe (105.1). Wärmeliebend, oft auf Pflanzen.

- CRUX-MINOR

1

3 Fld schwarz, nur Hinterrand gelbrot (106.1). 3,5 bis 5,1 mm. Vereinzelt im Süden.

- MARGINATA (2)

3* Fld auch vorn umfangreich gelbrot (106.2). 3,5 bis 5,5 mm. Nur sehr vereinzelt im Süden.

- SCAPULARIS (1)

4 Nur das erste Fühlerglied gelbrot. 5,8 bis 8,2 mm. Wärmeliebend, bevorzugt offenes Gelände.

- CYANOCEPHALA (2)

4* Fühler erst vom dritten Glied an geschwärzt. 4,8 bis 8,5 mm. Vor allem an Waldrändern auf Pflanzen.

- CHLOROCEPHALA

1 2

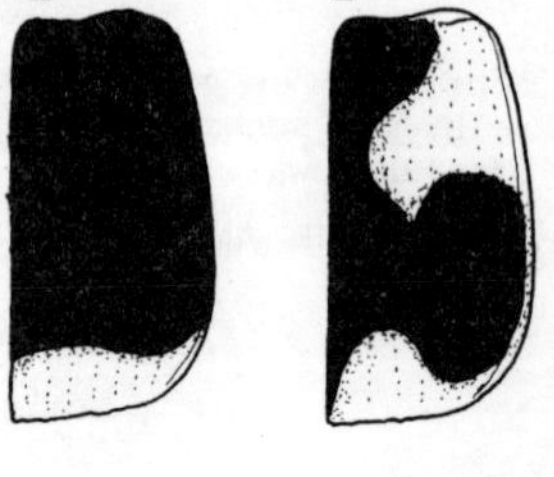

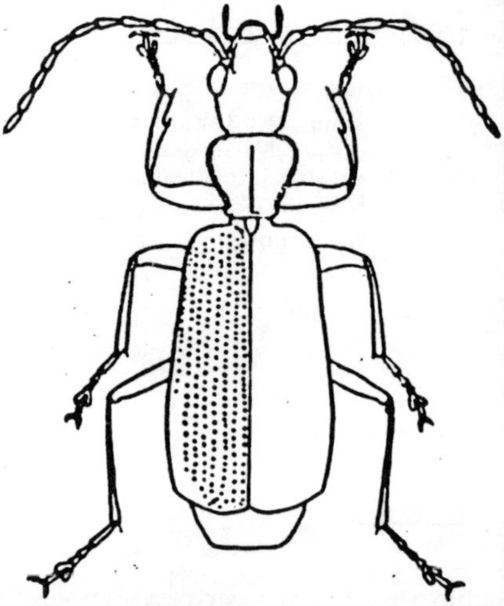

Demetrias

1 Fld gelbrot mit teilweise zusammenfließenden Flecken (106.3). Klauen unten ungezähnt (106.5). 4,9 bis 6,1 mm. An lehmigen Gewässerufern, oft auf Pflanzen.

- IMPERIALIS

1* Fld gelbrot, höchstens längs der Naht geschwärzt (106.4). Klauen unten mit ein bis drei Zähnchen (100.6,7).

. . . 2

2 Kopf vorne gelb aufgehellt. Klauen mit drei Zähnchen (106.7). 4,5 bis 6 mm. Vor allem unter Pflanzenabfällen.

- ATRICAPILLUS

2* Kopf ganz schwarz. Klauen nur mit einem deutlichen Zahn (106.6). 4,1 bis 5,5 mm. Auf Dünen zwischen Dünengräsern, sonst vor allem in Sumpfgebieten.

- MONOSTIGMA

3 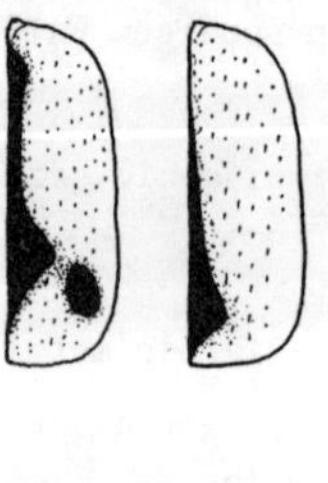 4

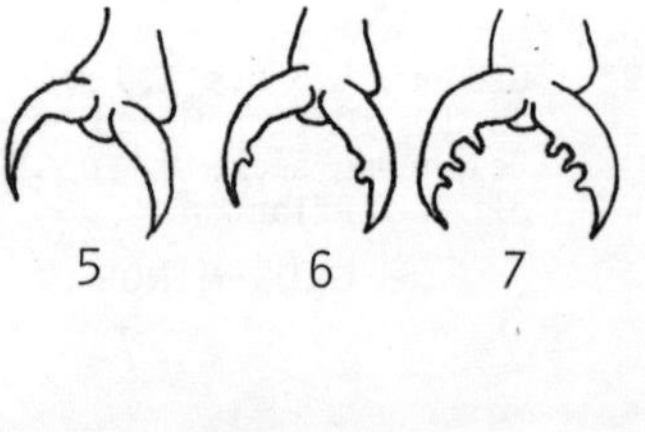

5 6 7

Cymindis

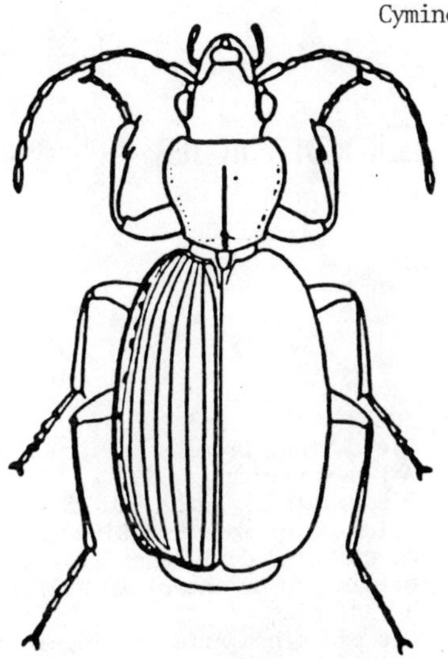

Die Gattung Cymindis ist bei uns mit fünf Arten heimisch. Diese sind meist ziemlich selten, man findet sie vor allem an sonnenexponierten Trockenhängen unter Steinen oder in der Bodenstreu.

1 FldBasalrand verkürzt, endet etwa an der Basis des dritten FldStreifs (107.1). FldVorderecken ohne helle Flecken, höchstens bräunlich aufgehellt. Schwarz, Beine und Fühler bräunlich. 7,5 bis 9 mm. Vor allem auf trockenen und sandigen Böden.

- VAPORARIUM

1

1* FldBasalrand vollständig, erreicht den Scutellarstreif (107.2). FldVorderecken fast immer mit hellen Flecken. . . . 2

2 Fld zumindest hinten erkennbar behaart. . . . 3

2* Fld unbehaart. . . . 4

2

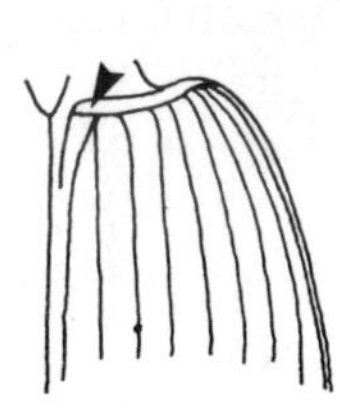

3 HSch breiter, der abgesetzte Seitenrand breit (107.3). 7,5 bis 10 mm. Besonders in Heide- und Moorgebieten.

- MACULARIS (3)

3* HSch schmäler, der abgesetzte Seitenrand schmal (107.4). 6,5 bis 9 mm. Besonders auf sonnigen und trockenen Böden.

- ANGULARIS (1)

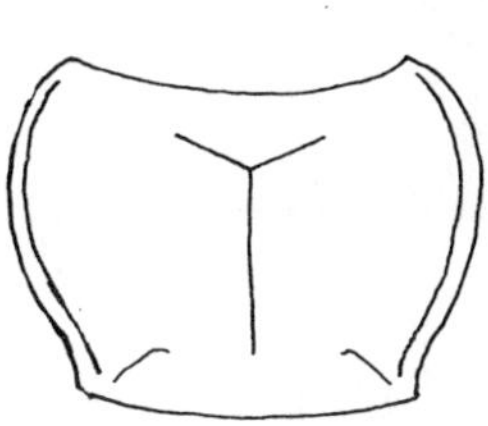

3

4 HSch braun, Seitenränder kaum aufgehellt. 7,5 bis 11 mm. Vor allem auf Trockenrasen.

- AXILLARIS (2)

4* HSch schwarz, Seitenränder deutlich gelbbraun aufgehellt. 8 bis 11,5 mm. Vor allem auf Trockenrasen und in Heidegebieten.

- HUMERALIS (3)

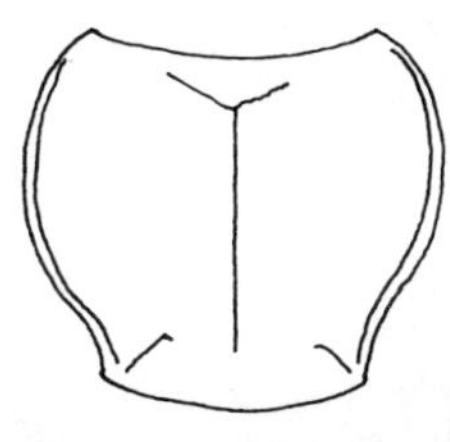

4

Dromius (Rindenkäfer)

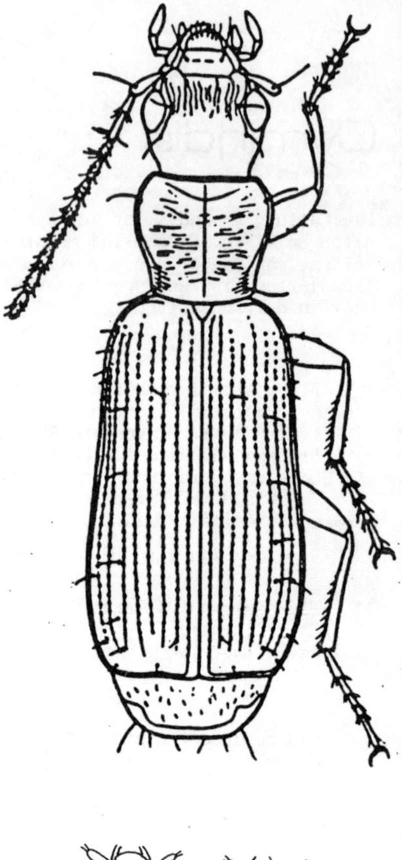

Die Gattung Dromius ist bei uns mit zwölf Arten vertreten.
Diese interessanten Laufkäfer leben vor allem unter Moos und Rinde größerer Bäume und sind dort besonders leicht und oft in großer Anzahl im Winterquartier aufzufinden.
Die einzelnen Arten besiedeln bevorzugt ziemlich unterschiedliche Biotope, von Feuchtwäldern bis hin zu Trockenhängen.

Vorsicht bei der Bestimmung:

Die Flügeldeckenzeichnung kann bei einigen Arten recht stark abweichen, mehr oder weniger reduziert sein oder zwei eigentlich getrennte Flecke können verschmolzen sein. Dies ist jedoch nur selten und immer nur bei einzelnen Exemplaren der Fall.

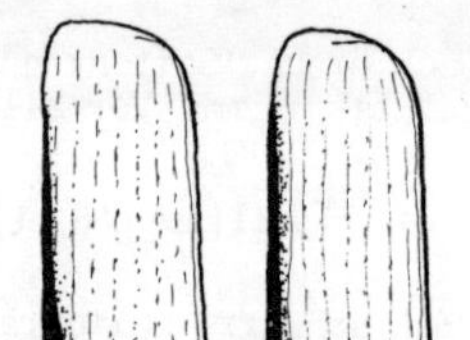

1 2

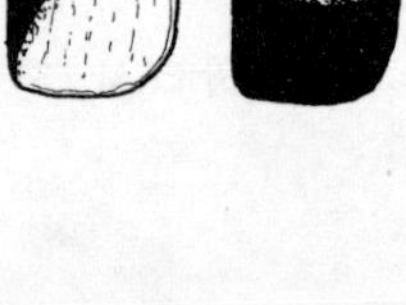

3 4

1 Kopf viel länger als breit (108.1). Gelbbraun, Fld siehe (108.3). 5 bis 6,5 mm. Vor allem an sumpfigen Ufern.

- LONGICEPS

1* Kopf nicht viel länger als breit (108.2).

. . . 2

2 Kopf zwischen den Augen vollständig mit scharfen Längsfurchen (Gatt.Abb.). Fld siehe (108.4). 4,5 bis 5,5 mm. Wärmeliebend, vor allem an trockenen Stellen.

- LINEARIS

2* Kopf zwischen den Auegn höchstens am Rand mit deutlichen Längsfurchen.

. . . 3

3 Kleinere Arten, bis 4,7 mm. . . . 4

3* Größere Arten, über 4,8 mm. . . . 8

4 Außenrand der Fld vollständig dunkel. (109.1). 3,5 bis 4,5 mm. Unter Baumrinde.

- QUADRINOTATUS

4* Außenrand der Fld zumindest teilweise hell. . . . 5

5 Fld gelbbraun, ohne dunkle Querbinde (109.2). 3 bis 4mm.

- MELANOCEPHALUS

5* Fld mit dunkler Querbinde. . . . 6

6 FldBasis dunkel (109.5). 4 bis 4,7 mm. Bei uns nur im Südwesten.

- QUADRISIGNATUS (3)

6* FldBasis hell. . . . 7

7 FldHinterecken dunkel (109.3). 3 bis 3,9 mm. Vor allem an trockenen und sonnigen Stellen.

- NOTATUS

7* FldHinterecken hell (109.4). 3,3 bis 4,2 mm. Vor allem an feuchten Stellen, oft in Auwäldern.

- SIGMA

8 Fld entweder großteils hell gelbbraun oder zumindest der Hinterrand deutlich hell (109.6 109.7 109.8). . . . 9

8* Fld großteils dunkel braunschwarz oder rötlichbraun, manchmal teilweise aufgehellt, jedoch Hinterrand nie deutlich hellgelb. . . . 10

9 Kopf gelblich, Fld siehe (109.6). 4,8 bis 6,1 mm. Unter Rinde und Moos.

- QUADRIMACULATUS

9* Kopf braunschwarz, Fld siehe (109.7 109.8). 5,4 bis 6,8 mm. Besonders unter Nadelholzrinde.

- MARGINELLUS

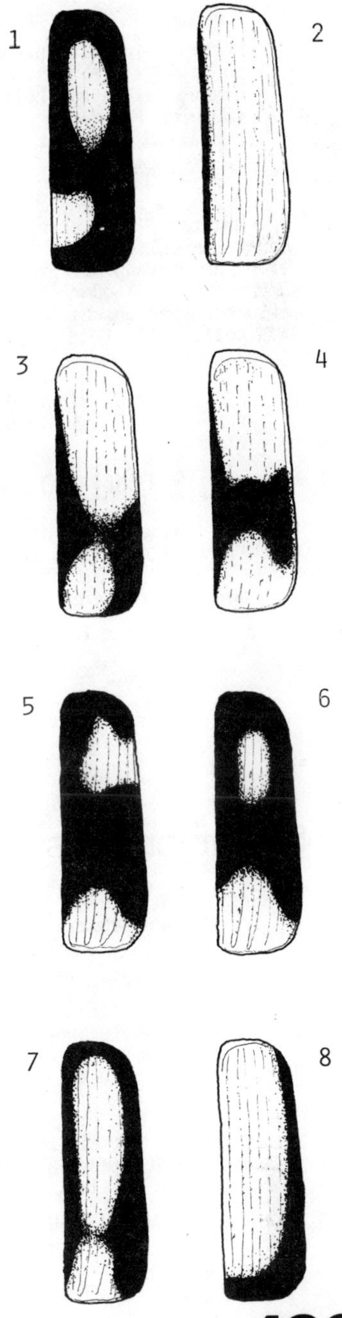

109

10 Dritter FldZwischenraum mit Porenpunkten (110.1). Vollständig dunkelbraun, selten mit hellem Fleck in der vorderen FldHälfte (110.2). 5,2 bis 7 mm. Vor allem unter der Rinde älterer Bäume.

- AGILIS

10* Dritter FldZwischenraum ohne solche Porenpunkte (110.3). Fld entweder schwarzbraun mit größerem hellen Fleck (110.4) oder rötlichbraun mit höchstens unscharfer fleckenartiger Aufhellung (110.5).

. . . 11

11 Fld schwarzbraun mit deutlichem Fleck (110.4). 5,3 bis 6,5 mm. Unter Baumrinde.

- FENESTRATUS

11* Fld rötlichbraun mit höchstens undeutlicher fleckenarteiger Aufhellung (110.5). 5,8 bis 6,8 mm. Vor allem unter Kiefernrinde.

- ANGUSTUS (3)

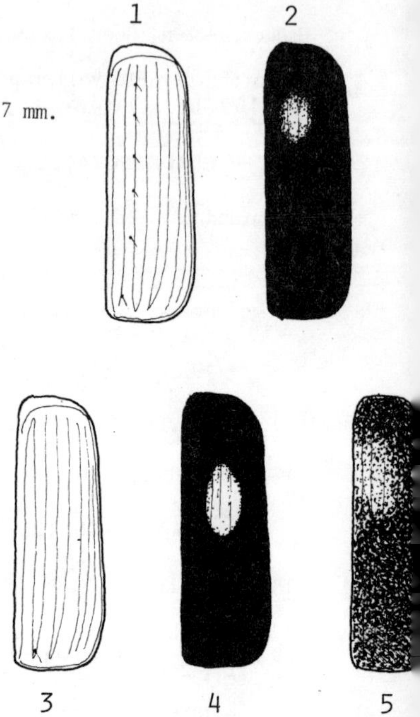

Syntomus

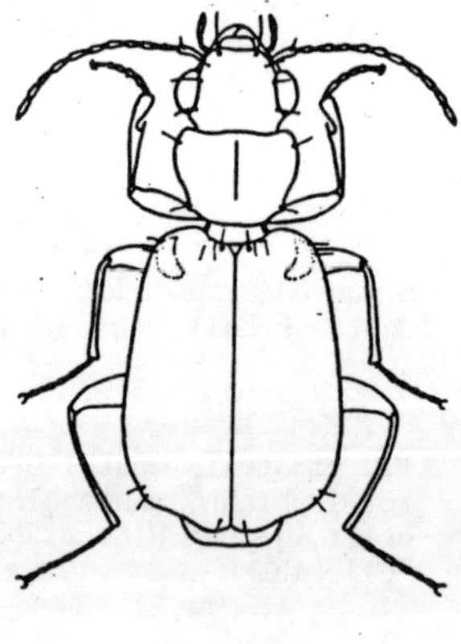

1 Vollkommen schwarz, mit Bronceschimmer. 3,1 bis 3,8 mm. Vor allem in Heidegebieten.

- FOVEATUS

1* Körper dunkel, ohne Bronceschimmer. Fühler und Beine zumindest teilweise bräunlich aufgehellt.

. . . 2

2 Fld meist mit ein bis zwei hellen Flecken. An den Fühlern mindestens die zwei ersten Glieder hellbraun. 3,1 bis 3,8 mm. Vor allem an sumpfigen Stellen.

- OBSCUROGUTTATUS (3)

2* Fld ohne helle Flecken. An den Fühlern nur das erste Glied bräunlich aufgehellt. Kleiner, 2,6 bis 3,3 mm.

- TRUNCATELLUS

Lionychus

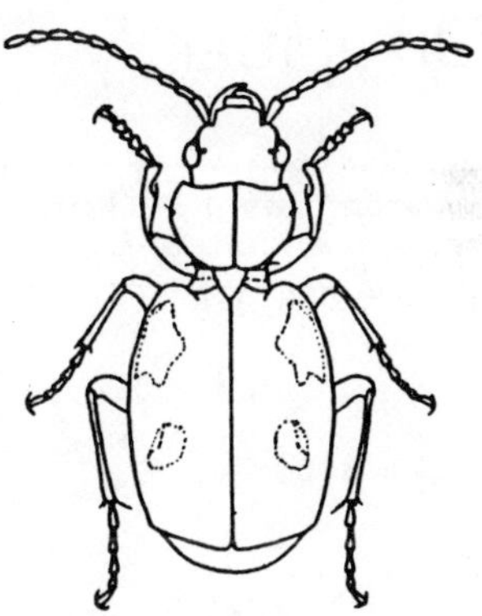

Schwarz, Fühler und Beine teilweise aufgehellt. Fld mit meist ein bis zwei hellen Flecken. 3 bis 4 mm. Vor allem an sandigen oder kiesigen Ufern.

- QUADRILLUM

Microlestes

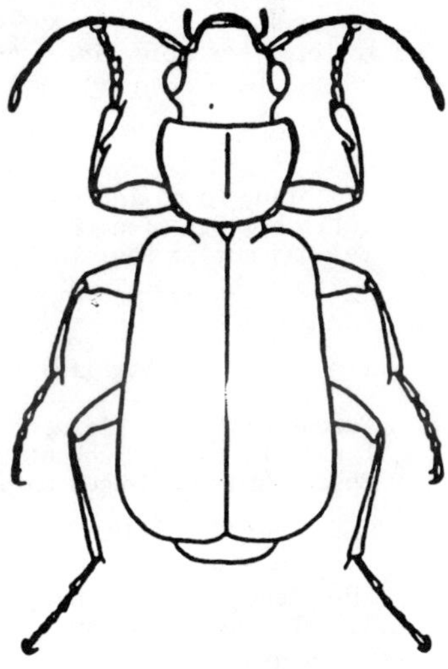

1 Durchschnittlich größer, meist ab 3 mm. HSchBasis nach hinten weniger vorgezogen (111.1). Vor allem an sonnigen Böschungen und Trockenhängen.

- MINUTULUS

1* Durchschnittlich kleiner, meist um 2,5 mm. HSchBasis nach hinten stärker vorgezogen (111.2). Vor allem an Trockenhängen.

- MAURUS

1 2

Polystichus

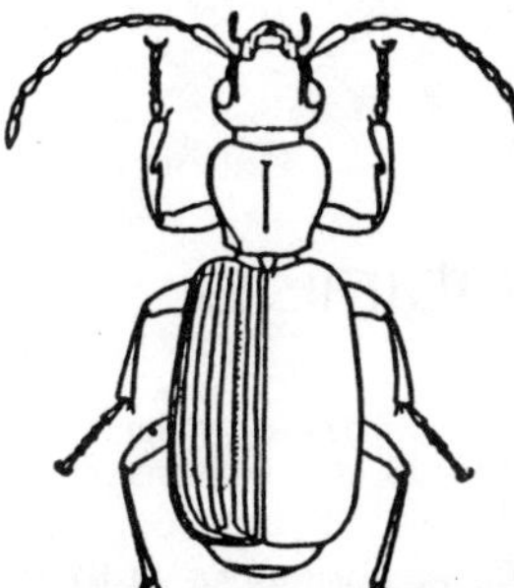

Braunrot, Fühler und Beine heller. Auf den Fld zwei hellere Längsstreifen. Behaart. 8 bis 9 mm. Wärmeliebend. In Deutschland heute fraglich.

- CONNEXUS (1)

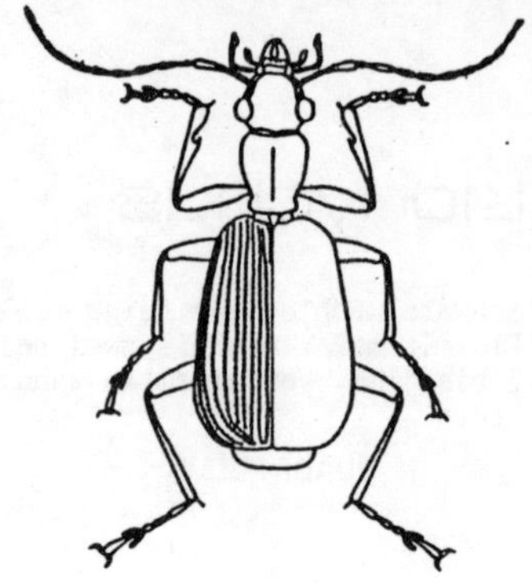

Drypta

Blaugrün, Fühler und Beine bräunlich. Hell behaart. 7 bis 9 mm. Wärmeliebend, bei uns nur sehr vereinzelt im Süden.

- DENTATA (3)

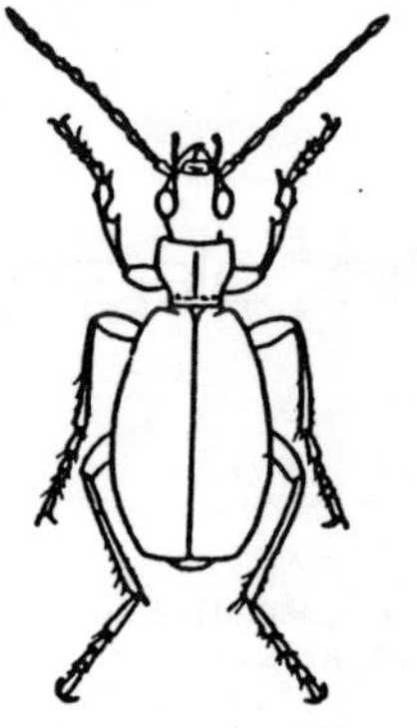

Brachinus (Bombardierkäfer)

Bombardierkäfer! Die Tiere sondern bei Störung ein Sekret ab, das an der Luft verpufft.

1 Fld blau, vorne längs der Naht mit rötlichem Streifen. 5,3 bis 7,5 mm. Bei uns nur im Rheinland.

- SCLOPETA (3)

1* Fld ohne roten Streifen längs der Naht . . . 2

2 Durchschnittlich kleiner, 4 bis 7,5 mm. Fld meist ohne deutliche Längsstreifung. HSchHinterecken recht stumpf. Vor allem an sonnigen Böschungen und Hängen unter Steinen. In Norddeutschland fehlend.

- EXPLODENS

2* Durchschnittlich größer, 6,5 bis 10 mm. Fld mit flacher, aber deutlicher Längsstreifung. HSchHinterecken detlich eckig. Wie obige Art, gerne auf Lehmböden.

- CREPITANS

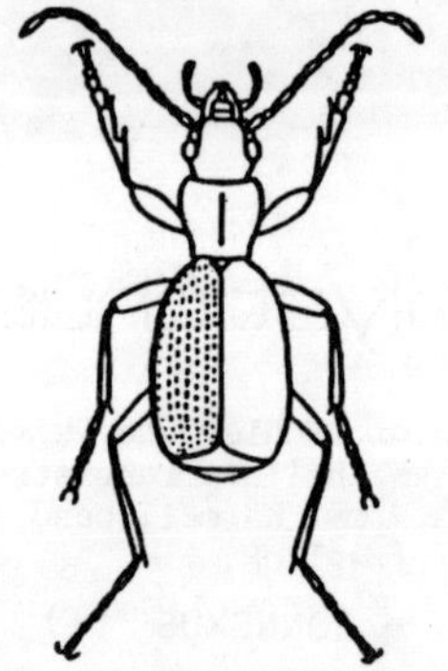

Aptinus

Schwarz, spärlich behaart. Beine heller. 9,5 bis 15 mm. Bei uns nur montan in Ostbayern.

- BOMBARDA (1)

Literatur

Einführungen, Käferkunde allgemein:

Harde,K.W./Severa,F. (1982)	Der Kosmos Käferführer Frankh'sche Velagsh. Stuttgart
Horion,A. (1949)	Käferkunde für Naturfreunde V.Klostermann. Frankfurt a.Main

Laufkäfer, Bestimmungstabellen:

Burmeister,F./ Klausnitzer,B.(1978)	Coleoptera(u.a.Laufkäfer) in: Stresemann,E., Exkursionsfauna, II,1. Volk u.Wissen VE Verlag. Berlin
Freude,H.(1976)	Carabidae in: Freude/Harde/Lohse, Die Käfer Mitteleuropas, Bd.2. Goecke&Evers Verlag. Krefeld
Lindroth,C.H. (?)	Coleoptera,Carabidae in: Handbooks f.t.Identification o. British Insects, Vol.IV,Part 2. Roy.Entomol.Soc. London
Mrozek-Dahl,D.(1928)	Coleoptera(Käfer), I.Carabidae in: Die Tierwelt Deutschlands...,7.Teil. Gustav Fischer Verlag. Jena
Müller,J.(1920)	Genus Bembidion Latr...... Sonderabdruck aus: Kol.Rundschau, Bd.VII. Verl.v.E.Reitter's Nachf. Paskau(Mähren)
Reitter,E.(1908)	Fauna Germanica(Die Käfer d....) Band 1. K.G.Lutz Verlag. Stuttgart

Laufkäfer, Faunistik:

Horion,A.(1941)	Adephaga - Caraboidea in: Faunistik der deutschen Käfer, Bd.1. Komm.Verl.H.Goecke. Krefeld

In dieser Aufzählung sind nur die wichtigsten und gängigsten Werke genannt, die meisten davon sind allerdings auch nur noch antiquarisch zu erhalten.
In den Landes- und Universitätsbibliotheken kann man sich diese vergriffenen oder zu teuren Bücher meist ausleihen, auch wer sich für spezielle Laufkäfergruppen oder ökologische Fragestellungen interessiert, ist hier an der richtigen Adresse.
Auch die Museen geben sicher gern Auskunft über Spezialveröffentlichungen, oft ist auch die Museumssammlung eine gute Hilfe.

Register

Anhang

Erläuterungen zur Gefährdungseinstufung anhand der Roten Liste

Die in der zweiten Auflage neu in diesen Schlüssel übernommene Gefährdungseinstufung von Laufkäferarten wurde entnommen aus:

GEISER, R. et al. (1984) : Rote Liste der Käfer (Coleoptera), in: Rote Listen der gefährdeten Tiere und Pflanzen in der Bundesrepublik Deutschland. Kilda Verlag, Greven.

Die einzelnen Gefährdungskategorien bedeuten wie folgt (nach BLAB et al., Einleitung und Kriterien zur Roten Liste, s.o.):

(0) ausgestorben oder verschollen

Arten, die noch vor etwa 100 Jahren in der Bundesrepublik Deutschland vorkamen, die aber mit Sicherheit oder großer Wahrscheinlichkeit inzwischen erloschen sind und denen bei Wiederauftreten besonderer Schutz gewährt werden muß.
Bestandessituation:
- Arten, deren Populationen nachweisbar ausgestorben sind bzw. ausgerottet wurden, oder
- Arten, deren Vorkommen früher belegt worden ist, die jedoch seit mindestens 50 Jahren trotz Suche nicht mehr nachgewiesen wurden und bei denen daher der begründete Verdacht besteht, daß die Populationen erloschen sind.

(1) vom Aussterben bedroht

Das Überleben dieser Arten in der Bundesrepublik Deutschland ist unwahrscheinlich, wenn die gefährdungsverursachenden Faktoren weiterhin einwirken oder bestandserhaltende Schutz- und Hilfsmaßnahmen des Menschen nicht unternommen werden bzw. wegfallen.
Bestandessituation:
- Arten, die nur in Einzelvorkommen oder wenigen, isolierten und kleinen bis sehr kleinen Populationen auftreten (sog. seltene Arten), deren Bestände aufgrund gegebener oder absehbarer Eingriffe ernsthaft bedroht sind.

- Arten, deren Bestände durch lange anhaltenden Rückgang auf eine bedrohliche oder kritische Größe zusammengeschmolzen sind oder deren Rückgangsgeschwindigkeit im größten Teil des heimischen Areals extrem hoch ist.

Die Erfüllung eines der Kriterien reicht zur Anwendung der Kategorie aus.

(2) stark gefährdet

Arten, die im nahezu gesamten einheimischen Verbreitungsgebiet gefährdet sind.
Bestandessituation:
- Arten mit kleinen Beständen.
- Arten, deren Bestände im nahezu gesamten einheimischen Verbreitungsgebiet signifikant zurückgehen oder regional verschwunden sind.

Die Erfüllung eines der Kriterien reicht aus.

(3) gefährdet

Die Gefährdung dieser Arten besteht in großen Teilen des einheimischen Verbreitungsgebietes.
Bestandessituation:
- Arten mit regional kleinen oder sehr kleinen Beständen.
- Arten, deren Bestände regional bzw. vielerorts lokal zurückgehen oder lokal verschwunden sind.

Die Erfüllung eines der Kriterien recht aus.

(4) potentiell gefährdet

Arten, die im Gebiet nur wenige und kleine Vorkommen besitzen, und Arten, die in kleinen Populationen am Rande ihres Areals leben, sofern sie nicht bereits wegen ihrer aktuellen Gefährdung zu den Gruppen (1)-(3) gezählt werden. Auch wenn eine aktuelle Gefährdung heute nicht besteht, können solche Arten wegen ihrer großen Seltenheit durch unvorhergesehene lokale Eingriffe schlagartig ausgerottet werden.

Zu beachten bei diesen Einstufungen ist, daß sie auf bundesweiter Grundlage vorgenommen wurden. D.h. Arten, die bundesweit nicht als gefährdet eingestuft wurden, können regional dennoch bedroht sein. Genauen Aufschluß bieten hierüber nur umfassende regionale Untersuchungen, von denen leider erst recht wenige vorliegen.

BARNDT, D. (1981): Laufkäfer, in: Rote Listen der gefährdeten Tiere und Pfanzen in Berlin(West). - Landesentwicklung und Umweltforschung Nr. 11.

GEISER, R. et al. (1982): Käfer (Coleoptera), in: Rote Liste bedrohter Tiere in Bayern. - Bayer. Staatsministerium für Landesentwicklung und Umweltfragen.

KOCH, K. et al. (1977): Rote Liste der im nördlichen Rheinland gefährdeten Käferarten (Coleoptera) mit einer Liste von Bioindikatoren. - Entomol.Bl. 73, Sonderheft.

KOLBE, W. (1979): Käfer, in: Rote Liste der in Nordrhein-Westfalen gefährdeten Pflanzen und Tiere. - Schr.-R. der LA für Ökologie, Landsch.entw. u. Forstpl. NW, Nr.4.

TISCHLER, T. u. IRMLER, U. (1982): Käfer, in: Rote Listen der gefährdeten Pflanzen und Tiere Schleswig Holsteins. - Schr.-R. des Landesamt f. Naturschutz u. Landsch.pfl. Nr 5.

KURZES NACHWORT ZUR ZWEITEN AUFLAGE:

In der zweiten Auflage konnten wir einiges verbessern, zum Beispiel die schlicht und einfach vergessenen Seitenverweise in der Gattungstabelle, einige fehlende Größenangaben u.ä.

Für diesbezügliche Hinweise möchten wir uns bedanken, da sich erfahrungsgemäß nie alle Fehler und Ungenauigkeiten ausmerzen lassen, schreibt uns bitte, wenn Ihr noch was entdeckt.

Neu aufgenommen wurden die Gefährdungseinstufung und bekannte deutsche Namen von Gattungen und Arten.

Am Bestimmungsschlüssel selbst wurden nur einige geringfügige Korrekturen vorgenommen.